Anti-science Land

안티
사이언스 랜드

ⓒ 2008, 정완상

초판 1쇄 발행 2008년 12월 15일

글쓴이 정완상 **펴낸이** 양소연 **펴낸곳** 함께읽는책
표지 및 본문 디자인 박선희 **기획 및 책임편집** 함소연

주소 서울시 구로구 구로3동 대륭포스트타워 2차 1205호
대표전화 02-2082-0260 **팩스** 02-2082-0263 **홈페이지** www.cobook.co.kr
ISBN 978-89-90369-73-4 04400
       978-89-90369-74-1 (set)

안티 썩 진지하지 않은 과학이야기
사이언스 랜드
Anti-science Land

정완상 지음

열한 번째 고수
애시드

돼지 오줌을 매직시스의
다리에 바르게 한
장본인.
유일한 친구인
벌을 항상
데리고
다닌다.

커졌다 작아졌다 자유자재로
변신하는 벌들

함께읽는책

과학의 고수들을 만나기 전에

이 책을 끝낼 즈음, 노벨물리학상과 노벨화학상이 발표되었습니다. 노벨물리학상은 세 명의 일본 물리학자가 차지했고 노벨화학상 수상자 중 한 명도 일본인이었습니다. 가깝고도 먼 나라 일본은 과학 부분의 노벨상 수상자를 벌써 수십 명 넘게 배출하고 있지만 안타깝게도 아직까지 우리나라에서는 과학 분야의 노벨상 수상자가 한 명도 없었습니다. 대학에서 17년 동안 물리학을 가르친 사람으로서 부끄러움을 금할 수 없는 일이었습니다.

일본의 과학과 한국의 과학이 왜 이렇게 현격한 차이를 나타내는가 하고 스스로에게 물어 보았습니다. 뚜렷한 해답은 찾지 못했지만 두 나라에서 과학자를 꿈꾸는 학생들의 자세와 과학을 가르치는 교사들의 태도에 차이가 있지 않을까 하는 생각을 가지게 되었습니다.

과학은 기원전 그리스 사람들로부터 시작되었습니다. 비록 과학적으로 완전한 아이디어는 아니었지만 탈레스나 아리스토텔레스의 기본 원소에 대한 생각은 지금의 소립자 물리학이라는 분야의 시발점이 되었습니다. 그리고 새로운 도구를 만들어 낸 아르키메데스의 수많은 업적들은 응용과학인 공학의 시작을 알리게 되었습니다.

그리스 사람들은 왜 과학을 좋아했을까요? 그리스 사람들이 과학을 좋아한 것은 순수한 동기 때문이었습니다. 그들은 돈이나 명예 때문에 과학을 좋아한 것이 아니라 자연에 대한 순수한 호기심으로 똘똘 뭉친 어린아이와 같은 마음으로 과학을 사랑했던 것입니다. 결국 그러한 호기심은 새로운 발견을 만들어 냈고 그것이 과학의 출발점이 된 것입니다.

그러나 기원전 그리스 과학은 그리스가 로마제국에 의해 붕괴되면서 그 빛을 잃게 됩니다. 그리고 과학의 역사는 천 년 이상의 암흑기를 맞이하게 됩니다. 로마 사람들은 순수한 동기로 과학을 사랑한 것이 아니라 종교를 지지해 주기 위한 수단으로 써 과학을 이용하였습니다. 그리하여 교황청이 인정하는 이론 외에는 모두 불순한 이론이라 여기고 그 이론을 퍼뜨리는 것을 금지시켰습니다. 코페르니쿠스의 지동설이 그랬고, 갈릴레이의 종교재판이 그랬습니다. 이 두 시기만 봐도 과학자가 어떤 관점을 가질 때 과학이 발전하는지를 알 수 있습니다. 제 작은 소견과 일본 교수들과의 공동 연구를 통한 경험으로 볼 때 한국의 과학자들보다는 일본의 과학자들이 그리스 과학자들의 태도에 좀 더 가깝다는 느낌을 받게 됩니다. 훌륭한 과학자가 되려면, 과학자가 되어 가지게 될 돈과 명예보다는 과학이 비추어 줄 밝은 미래를 만드는 데 일조하겠다는 꿈을 가지고 순수한 어린아이의 마음으로 과학과 만나야 한다는 게 저의 작은 생각입니다.

이 책은 중·고등학교에서 배우는 물리학과 화학의 주제들을 다루며, 과학의 성이라는 판타지적인 공간을 배경으로 합니다. 한 소년이 과학의 성에서 만난 독특한 캐릭터의 과학 고수들과 대결을 벌여 고수들을 하나씩 물리치고 성주와의 최후의 만남에서 그의 소원을 들어주는 대가로 다시 자신의 집으로 돌아가게 된다는 줄거리입니다. 매 꼭지마다 다양한 모습과 다양한 과학 문제를 가지고 등장하는 과학 고수들과의 대결을 읽으며 여러분 모두 잠시 자연에 대한 호기심이 충만한 어린아이 같은 마음으로 스스로 주인공이 되어 대결에 임한다면 더욱 흥미롭게 과학의 세계에 빠져들 수 있으리라는 생각이 듭니다.

즐거운 마음으로 이 글을 완성하며 처음 이 원고의 기획을 함께 한 함소연 님께 감사드리고, 또한 이 책을 출판하기로 결정해 주신 도서출판 함께읽는책의 사장님과 모든 식구들에게 감사드립니다. 그리고 이 책을 쓰는 데 큰 도움을 준 도서창작 동아리 '싸이콤'의 모든 식구들에게도 깊은 감사를 드립니다.

진주에서
정완상

고수들을 만나는 순서

과학의 고수들을 만나기 전에
선택 _ 프롤로그

선택

누리는 재야과학자인 아버지의 특수한 교육 방침 때문에 초등학교를 졸업한 후 더 이상 정규 학교에 다니지 않았다.

어릴 때부터 과학 신동 소리를 들었던 아버지 한 박사는 집안 형편이 어려워 고등학교만 마치고 조그만 과학기기 가게를 운영하면서 틈틈이 물리와 화학을 독학했다. 그리고 얼마 전 물리 발명대회에서 대상을 받아 명문 K대학에서 명예 물리학 박사학위를 받게 되었다. 한 박사는 누리가 한국 최초의 노벨물리학상, 노벨화학상을 탈 수 있도록 정규 교육에 맡기지 않고 스스로 이론을 찾아가고 무엇이든 직접 실험하게 했다.

'내 아들, 한누리! 아버지를 본받아 너도 최고의 과학자가 되어야 한다! 우핫핫!'

누리는 매일 밤 자신의 이름이 노벨상 위원회에서 불리는 꿈을 꾸며 하루하루를 보냈다.

17세 누리의 유일한 취미는 2인용 자전거를 타고 동네를 도는 것. 누리는 페달을 힘차게 밟으며 마을 사람들을 마주칠 때마다 다정하게 인사했다.

"조금 멀리 가 볼까?"

누리가 중얼거렸다.

"이쪽으로 조금만 더 가면 인적이 드문 숲길이 나온다고 들었어. 자전거를 타고 숲길을 달리는 기분은 상쾌할 거야. 룰루~"

결국 누리는 평소보다 멀리 가보기로 했다. 녹음이 우거진 숲으로 난 오솔길은 자전거 타기에 끝내주는 코스였다. 길에는 사람도 보이지 않아 누리는 점점 더 힘차게 페달을 밟았다.

"우와! 이 속도감."

누리가 탄성을 질렀다. 일자로 뻗은 길을 달리자 길 끝이 한 점으로 보이는 원근감이 느껴졌다.

"저게 뭐지?"

갑자기 누리가 전방을 응시하며 소리쳤다. 누리의 눈앞에 초록색 연기가 피어오르고 있었다. 연기는 점점 더 크게 피어오르더니 반지 모양으로 변해 누리가 타고 온 자전거를 에워쌌다.
연기 고리는 점점 더 누리를 조여 왔고 얼마 후 누리는 의식을
잃었다.

"아이고, 머리야. 여기가 어디지?"

한참 후 정신을 차린 누리가 주위를 두리번거렸다. 누리가 달
리던 숲속 오솔길은 온데간데없고 황량한 벌판이 누리의 눈앞
에 펼쳐져 있었다.

"여기가 어디야?"

누리가 불안한 목소리로 중얼거렸다. '위-잉' 하는 바람소리
만 스산하게 들려왔다.

"모르겠어. 내가 어디까지 온 거야! 하나도 기억이 안나. 어떡
하지…… 씨-이. 그냥 평소에 다니던 길로 갈 걸."

누리는 허허벌판에 쪼그리고 앉아 집으로 돌아갈 방법을 떠
올렸지만 어떤 경로로 이곳에 오게 되었는지 몰랐기에 아무 소
용이 없었다. 그때, 인기척이 느껴져 누리는 고개를 들었다. 어

디서 나타났는지 귀여운 소녀가 누리 앞에 서 있었다.

"도와주세요."

소녀가 누리의 눈을 똑바로 쳐다보며 애원하듯 말했다.

"도움을 받아야 할 사람은 나예요. 난 길을 잃어버렸어요. 집으로 돌아가려면 어디로 가야 하죠?"

누리가 답답하다는 표정으로 소녀에게 물었다.

"죄송해요. 나를 도와주어야 집에 돌아 갈 수 있어요."

"네? 그게 무슨 말이죠?"

누리는 의아했다.

'이 여자애, 정상이 아닌 거 같은데? 가만, 그러고 보니 옷도 좀 화려하고 생김새도 비현실적인 게…….'

"잠시 후 태양 빛이 수직으로 비추면 성이 나타날 거예요. 과학의 성이지요. 난 마법사 매직시스예요. 뭐, 마법사라고 해서 대단한 마법을 부리는 건 아니고 필요한 사물이 나타나게 하거나 장소를 이동하는 정도의 재주지만요. 나는 과학의 성에서 살

고 있었어요. 성 안에서 여러 자질구레한 도구를
마법으로 불러내는 일을 맡고 있었죠. 그런데 제가 그만
죄를 지었어요."

"어떤 죄죠?"

누리가 물었다.

"마법의 성에선 어떤 것이든지 불러낼 수 있지만 마법으로
돈을 불러내는 것은 금지되어 있어요. 그런데 제가 그만⋯⋯.
뭐, 그렇게 큰돈도 아니었고요, 아주 조금. 마법의 신발을 넣어
둘 작고 예쁜 유리 상자가 갖고 싶어서⋯⋯ 그건 제 마법으로는
만들 수 없는 예쁜 상자였거든요."

매직시스는 부끄러웠는지 붉어진 얼굴로 얼버무렸다.

"그래서 저는 성 밖으로 쫓겨나서 이렇게 황량한 벌판을 떠
도는 신세가 되었지요. 제가 다시 성에 들어가려면 과
학의 성을 방문하는 사람이 무사히 성을 통과
하도록 도와야 해요. 성 안에는 수많은 과

학 고수들이 있어요. 그들과의 과학 대결을 통해 그들이 내는
문제들을 해결해야만 성을 통과할 수 있지요. 만일 당신이 그들
이 내는 문제들을 모두 해결하고 성을 나가게 되면 나는 성에서
다시 살 수 있게 돼요."

　"하지만 나는 어떻게 집에 가나요?"

누리가 잘 이해되지 않는 듯 물었다.

"과학의 성을 통과한 사람은 한 가지 소원을 말할 수 있어요."

"그렇군요."

누리는 그제야 고개를 끄덕였다. 그리고는 주먹을 불끈 쥐고 매직시스에게 말했다.

"좋아요. 과학이라면 나도 자신 있어요. 한번 해 보죠. 어차피 다른 선택은 없어 보이는데."

"아! 고마워요."

매직시스는 감격에 겨워 금방이라도 울 것 같은 표정을 짓더니 이내 미소 지었다. 잠시 후, 태양이 점점 높이 떠오르더니 태양 빛이 수직으로 비추자 두 사람 앞에 눈부시게 빛나는 성이 나타났다. 그 성은 반짝반짝 빛나는 여러 종류의 보석으로 이루어져 있었다.

스피더스Speeders - 속도

"어떠냐? 나의 자동도로가? 일정한 속도로 움직일 때는 쾌적한 운송 수단이지. 하지만 갑자기 속도가 변해 가속도 운동을 하게 되면 엉덩방아를 찧게 되지. 그래서 더 재미있는 도로야. 난 변화를 좋아하거든. 흐흐흐."

스피더스Speeders - 속도

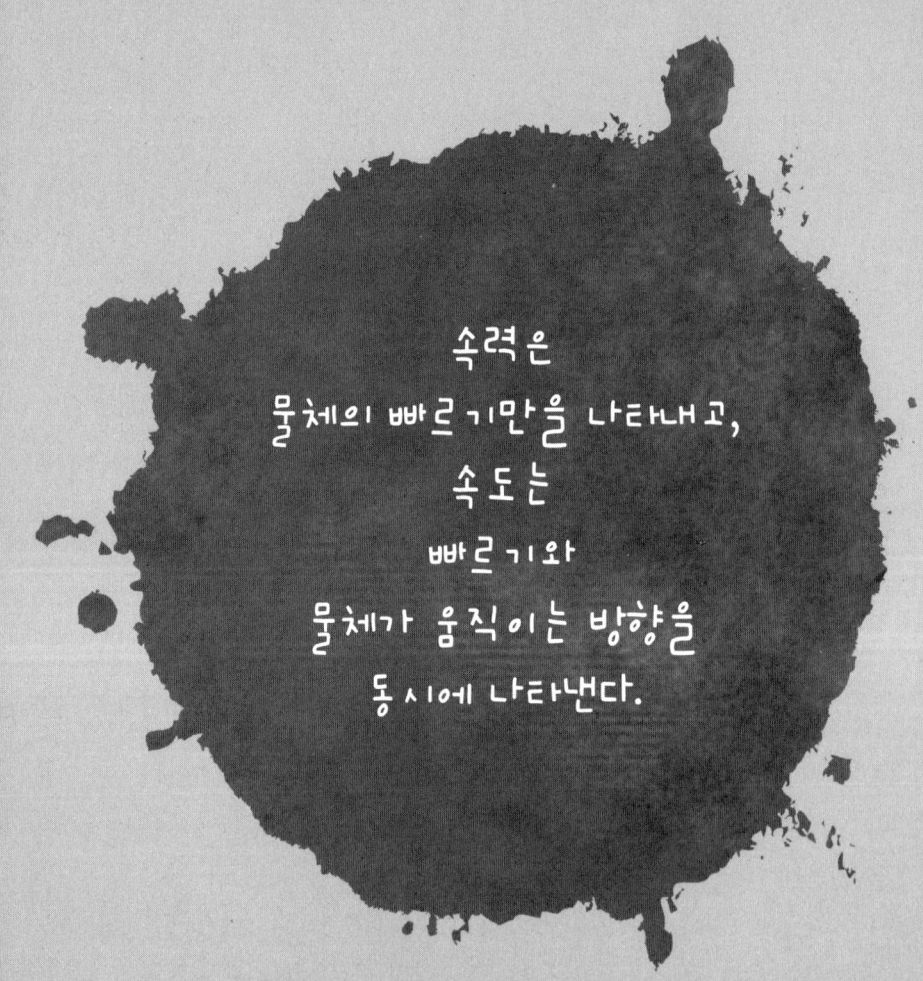

속력은
물체의 빠르기만을 나타내고,
속도는
빠르기와
물체가 움직이는 방향을
동시에 나타낸다.

"우와, 멋져요!"

누리가 성을 위아래로 쳐다보며 감탄한 듯 소리쳤다.

"이제부터 바짝 긴장해야 해요. 과학 고수들을 하나씩 물리치려면 말이에요."

매직시스가 들떠 있는 누리를 진정시켰다. 그 말에 누리는 약간 걱정스러운 표정이 되었다, '대결에서 지면 집에는……' 하고 생각하니 공포가 밀려왔다.

'하지만 과학이라면 누구에게도 뒤지지 않아!'

누리는 두 손으로 머리를 톡톡 치며 각오를 다졌다.

두 사람은 눈부시게 반짝거리는 과학의 성 입구에 다가갔다. 매직시스가 무언가를 낮게 중얼거리자 '스르륵' 하는 소리와 함께 성문이 자동으로 열렸다.

"중세 시대의 성 같은데 문은 완전 자동이네."

누리가 놀라운 표정으로 말했다.

"놀라셨죠? 이 성은 현대와 과거가 공존한답니다. 우주 공간의 일그러짐 현상 때문에 일시적으로 존재하는 공간이라고도 할 수 있지요. 지금은 지구에 나타나지만 또 다른 시각에는 우주의 다른 공간에 나타날 수도 있어요."

의아해 하는 누리를 위해 매직시스가 친절하게 설명해 주었다. 그제야 누리는 이해가 가는 듯 고개를 끄덕이고 앞장서서 성 안으로 들어갔다.

성 안은 끝이 보이지 않을 정도로 넓었다. 훤하게 트인 평면이 끝없이 펼쳐져 있고 붉은 색 카펫처럼 보이는 길이 일직선으로 뻗어 있었다.

"흠, 레드 카펫이라. 역시 이곳에서도 나를 스타 대접하는군."

누리는 이렇게 중얼거리며 마치 칸 영화제에 등장하는 유명 배우처럼 카펫 위로 발을 디뎠다. 매직시스도 조심스러운 표정으로 누리를 뒤따랐다.

"이 끝도 없는 카펫 위를 걸어가야 하는 건가?"

누리가 툴툴거렸다. 그때 갑자기 카펫이 움직이기 시작했다. 갑자기 발밑이 움직이는 바람에 두 사람은 관성에 의해 뒤로 발라당 넘어질 뻔 했다.

"우와, 자동도로였잖아?"

누리는 천천히 움직이는 카펫을 신기한 듯 바라보며 말했다.

"스피드건이 필요해요."

누리의 말에 매직 시스는 고개를 끄덕이더니 뭔지 알아

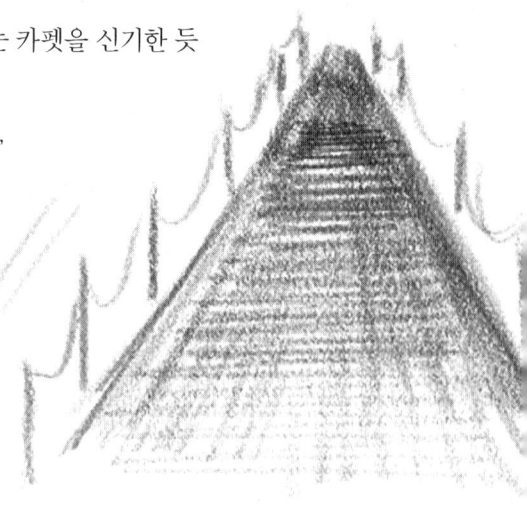

들을 수 없는 주문을 외었다. 잠시 후 누리의 손에 작은 권총 모양의 스피드건이 쥐어졌다. 처음 접하는 진짜 마법에 누리는 큰 소리로 환호성을 지른 후 이내 곧 침착하게 자동도로의 속도를 측정했다.

"도로의 속도는 초속 5m예요."

누리가 스피드건에 적힌 숫자를 보며 말했다.

"저, 궁금한 게 있어요. 속력과 속도는 같은 뜻인가요?"

매직시스가 눈을 깜박이며 누리를 쳐다보았다.

"물체의 속력은 운동 방향을 고려하지 않고 오로지 빠르기만을 나타내는 양이에요. 그러니까 움직인 거리를 움직이는 데 걸린 시간으로 나눈 값이 속력이에요. 예를 들어 어떤 사람이 200m를 달리는데 40초(s)가 걸렸다면 속력은 $\frac{200}{40}$ =5m/s가 되지요. '5m/s(5미터 퍼 세크)'를 '초속 5m'라고도 말해요.

반면에 속도는 빠르기 뿐 아니라 운동 방향까지 고려한 양이에요. 예를 들어 A라는 사람이 오른쪽으로 초속 5m를 가고, B라는 사람이 왼쪽으로 초속 5m로 간다면 두 사람의 속력은 같지만 속도는 달라요. 오른쪽으로 움직이는 사람의 속도를 양의 부호를 붙여 +5m/s라고 쓴다면 왼쪽으로 움직이는 사람의 속도는 음의 부호를 붙여 -5m/s라고 써야 해요. 이때 두 사람의 속도는 크기는 같지만 방향은 반대지요."

누리의 긴 설명을 매직시스는 지루해 하지 않고 진지하게 경청했다.

"5m/s라는 속도는 빠른 건가요?"

움직이는 도로를 처음 타 본 매직시스는 겁에 질려 누리의 옷을 꽉 붙잡으며 말했다.

"'초속 몇 미터'라는 표현은 물리에서는 자주 사용하지만 일상생활에서는 그것보다 '시속 몇 킬로미터'라는 표현을 더 많이 사용하죠. 초속 5m/s의 속도를 시속의 단위인 'km/h(킬로미터 퍼 아워)'로 고칠 때는 3.6만 곱하면 돼요. 그러니까 5m/s=18km/h가 되겠죠."

"이유가 뭐죠?"

"1m는 $\frac{1}{1000}$km예요. 그리고 1시간(h)은 3600초니까 1s= $\frac{1}{3600}$h가 되지요. 그러니까 5m/s= $\frac{5m}{1s}$ = $\dfrac{5 \times \frac{1}{100} km}{\frac{1}{300} h}$

=5 × 3.6km/h=18km/h

가 돼요. 이 정도의 속도는 그리 빠르다고 볼 수는 없죠."

누리가 친절하게 설명했다.

"으악!"

그때 갑자기 매직시스가 비명을 지르며 누리를 붙잡고 뒤로 발라당 넘어졌다. 자동도로는 좀 전보다 더 빠르게 움직였다. 매직시스는 놀란 눈으로 주위를 두리번거렸다. 자신이 움직인다는 느낌은 별로 없었지만 땅바닥이 무서운 속도로 뒤로 움직여 눈이 핑핑 돌 지경이었다.

"저 때문이에요. 넘어지게 해서 미안해요. 아, 나는 왜 하는 일마다 이 모양이람."

매직시스가 미안한 표정으로 누리를 보며 말했다.

"매직시스 탓이 아니에요. 누구라도 이 상황에서는 뒤로 넘어졌을 테니까요."

"저를 위로하려고 하는 말씀인가요?"

"천만에요. 물리 법칙 때문이죠."

누리는 이렇게 말하고는 스피드건으로 자동도로의 속도를 쟀다. $10m/s$였다. 즉 $5m/s$만큼 속도가 증가한 것이었다.

"속도가 변했죠? 이렇게 속도가 변하는 운동을 가속도 운동이라고 해요. 가속도는 속도의 변화를 속도 변화에 걸린 시간으로 나눈 값이죠. 예를 들어 처음에 $5m/s$로 달리다가 2초 후에 $10m/s$로 속도가 변했다고 하면, 속도의 변화는 $10-5=5m/s$이고 속도 변화에 걸린 시간은 2초이므로 가속도는, $\frac{5}{2}=2.5m/s^2$이 되는 거죠. 'm/s^2(미터 퍼 세크 제곱)'은 가속도의 단위고요."

"가속도 때문에 우리가 넘어진 건가요?"

매직시스가 몸을 일으키며 물었다.

"물리학에서는 모든 것이 물체일 뿐이에요. 매직시스나 나나 모두 물체일 뿐이죠. 물체는 자신의 운동 상태를 유지하려고 하는 고집이 있는데 그걸 물체의 관성이라고 해요. 그런데 지금처럼 운동 상태가 변하게 되면 그것에 대해 저항하는 힘인 관성력이 반대방향으로 작용해요. 즉, 우리는 길이 움직이는 방향으로 가속되었으니까 그 반대방향인 뒤쪽으로 힘을 받아 넘어지게 된 거죠."

누리의 설명에 매직시스의 표정이 밝아졌다. 누리는 먼저 일어나 매직시스의 손을 잡아 일으켜 세워 주었다.

이제 자동도로는 $10m/s$, 그러니까 시속으로는 $36km/h$라는 속도로 움직이고 있었다.

"무서워요. 땅바닥이 뒤로 휙휙 지나가는 게……."

매직시스가 눈을 감고 다시 누리의 옷을 잡아 당겼다.

"걱정하지 말아요. 아무리 길이 빨리 움직여도 이렇게 일정한 속도로 움직일 때는 안전해요."

"그건 왜죠?"

매직시스가 누리의 등에 대고 말했다.

"지구는 관성의 법칙이 성립하는 관성계예요. 관성계에서는 움직이는 물체에 정지 상태에서 벌어지는 현상과 똑같은 현상이 일어나죠."

누리는 주머니를 뒤적거려 동전 한 개를 손에 쥐더니 움직이는 도로 위에 슬며시 떨어뜨렸다. 동전은 마치 바닥이 정지해 있을 때처럼 정확히 수직으로 떨어졌다.

"어때요? 동전이 똑바로 떨어졌죠?"

"동전만 보고 있으니까 길이 움직인다는 느낌이 안 들어요."

"바로 그거예요. 일정한 속도로 달리는 차를 타고 있으면 우리는 우리의 몸이 움직인다는 것을 전혀 느끼지 못해요. 다만 차창 밖으로 풍경이 바뀌기 때문에 움직인다는 걸 느끼는 거죠. 그러니까 지금부터 땅바닥은 절대 쳐다보지 말고 잘생긴 내 얼굴만 쳐다봐요."

누리의 말에 매직시스는 하얀 이를 드러내고 다정스런 눈빛으로 누리를 쳐다보았다. 그렇게 한참 동안 두 사람은 시속 36km로 움직이는 도로 위에 서 있었다.

"도대체 이 성은 얼마나 크기에 가도 가도 끝이 없는 거죠?"

누리가 지루한 듯 기지개를 켰다.

"과학의 성은 안과 밖이라는 개념이 없어요. 우리가 문 안으로 들어온 순간 모든 공간으로 이동할 수 있게 설계되어 있지요. 그래서 성 안에 있다는 느낌이 전혀 들지 않는 거예요."

매직시스가 설명했다.

"혹시 이 길이 무한한 건 아니겠지요?"

누리의 목소리가 떨려왔다. 눈동자도 커지기 시작했다.

"그건 아닐 거예요. 무한한 도로가 있다는 얘기는 들어본 적이 없어요. 이 길은 스피더스라는 과학 고수가 설계했어요. 그 당시 예산 문제로 성주님과 많이 다퉜던 것으로 기억해요. 만일 무한 도로라면 예산이 무한대가 되어야 하잖아요?"

"그렇겠군요."

매직시스의 말에 누리는 안도의 한숨을 내쉬었다.

'쿵!'

그때 갑자기 두 사람이 엉덩방아를 찧으며 다시 바닥에 주저앉았다. 이번에는 뒤에 있던 매직시스가 누리의 밑에 깔려 힘들어 했다. 땅바닥은 좀 전 보다 빠르게 뒤로 후퇴하고 있었다. 누리가 스피드건으로 측정해보니 도로의 속도는 초속 20m, 그러니까 시속 72km라는 어마어마한 속도였다.

"다시 두 배로 빨라졌어요."

누리가 매직시스를 일으켜 세우며 말했다. 그때 갑자기 낮은 진동수의 목소리가 두 사람의 귀에 들려왔다.

"흐흐흐, 스피더스의 위대한 발명품을 타 본 소감이 어때?"

소리가 나는 방향으로 누리가 고개를 돌렸다. 독수리의 머리

스피더스

첫 번째 과학 고수 등장!
짜 ― 잔

독수리의 큰 머리와
비둘기의 작은 머리가 각각 한 개씩 있다.
가끔 서로 마주보고 싸운다.
"내가 말하고 있잖아!"

와 비둘기의 머리가 동시에 달려 있는 새처럼 생긴 괴물이 하늘에 떠 있었다. 찬찬히 살펴보니 눈, 코, 입은 사람의 그것과 똑같았다.

"저 사람이 스피더스예요!"

매직시스가 얼굴을 찡그리며 말했다.

"사람이요? 제 눈에는 새 같은데요?"

누리가 오른손 집게손가락을 좌우로 흔들었다. 아무리 봐도 기형으로 태어난 새 같았다. 독수리의 큰 머리와 비둘기의 작은 머리가 하나의 목에 달려 있어 불균형한 모습이었다. 하지만 누리는 매직시스의 말대로 스피더스를 사람으로 인정하기로 했다.

그때 다시 스피더스의 독수리 머리 끝에 있는 입이 위 아래로 움직이기 시작했다.

"어떠냐? 나의 자동도로가? 일정한 속도로 움직일 때는 쾌적한 운송 수단이지. 하지만 갑자기 속도가 변해 가속도 운동을 하게 되면 엉덩방아를 찧게 되지. 그래서 더 재미있는 도로야. 난 변화를 좋아하거든. 흐흐흐."

스피더스가 기분 나쁜 웃음소리를 내며 말했다.

"우리를 어떻게 할 셈이죠?"

누리가 스피더스의 비둘기 머리에 달린 눈을 노려보며 말했다.

"과학의 성에서는 과학 게임을 즐기지. 문제를 풀면 자동도로의 속도는 점점 줄어들어 멈추게 될 거야. 하지만 틀리면 도로는 10분마다 속도가 두 배가 되어 너희들은 영원히 도로에서 빠져나올 수 없게 되지. 10분마다 엉덩방아를 찧는 건 물론이고."

독수리 머리와 비둘기 머리가 동시에 두 사람 쪽으로 굽혀지면서 두 머리에 달린 네 개의 눈이 두 사람을 뚫어지게 쳐다보고 있었다.

"으, 끔찍하군. 좋아, 게임에 응하겠어요. 어떤 문제든지 내 보시죠."

누리가 목에 힘을 주며 스피더스의 두 개의 머리를 번갈아 노려보았다. 스피더스도 지지 않으려는 듯 목을 꼿꼿이 세우고 누리를 노려보았다. 그리고 독수리 입에서 낮은 목소리가 흘러나왔다.

"문제는 간단해. 어떤 두 사람이 서로 200m를 떨어져 마주보고 있어. 한 사람은 남자, 다른 한 사람은 여자. 두 사람은 서로 사랑하는 사이라고 해 두지. 오랫동안 만나지 못하다가 드디어 만난 거야. 명심해 둬. 두 사람 사이의 거리가 200m였다는 서.

두 사람은 10m/s의 속력으로 서로를 향해 뛰어가 포옹했어. 두 남녀가 뛰기 직전, 뭐 신나는 일이라도 벌어진 줄 알고 파리도 남자를 따라 여자의 이마를 향해 날아간 거야. 자, 여자의 이마에 붙은 파리가 다시 방향을 꺾어 남자의 이마를 향하고 다시 여자의 이마를 향해 날아가는 식으로 두 사람 사이를 왕복한다고 해 봐. 파리의 속력이 일정하게 20m/S라고 하고, 두 사람이 포옹하는 순간 파리가 두 사람의 이마에 끼어 죽었다고 하면 파리가 죽기 전까지 움직인 거리는 총 몇 m이지?"

"으, 무슨 문제가 이렇게 더럽고 복잡하죠?"

매직시스가 툴툴거렸다.

"간단하게 생각하면 될 거예요. 우리를 혼란에 빠뜨리기 위해 일부러 쓸데없는 스토리를 넣은 것뿐이에요."

누리는 이렇게 말하고는 잠시 다른 곳을 응시하다가 지그시 눈을 감았다. 머리 셈을 하기 위해서였다. 매직시스는 누리 옆에 우두커니 서서 초조한 듯 손을 쥐었다 폈다 하는 동작을 반복했다.

"답이 나왔어요!"

잠시 후 누리가 눈을 크게 뜨고 매직시스를 쳐다보며 말했다.

"벌써요?"

매직시스가 눈을 동그랗게 뜨며 누리를 쳐다봤다.

"스피더스, 이렇게 쉬운 문제를 내 줘서 고맙군요."

누리가 명랑한 어조로 말했다.

"자신만만하군! 그렇다면 답을 말해 봐."

"답은 200m예요."

누리의 말이 끝나기 무섭게 스피더스가 두 머리를 동시에 아래로 떨어뜨렸다.

"만만한 놈이 아니군!"

'퐁!'

스피더스는 이렇게 말하고는 갑자기 연기처럼 변해 두 사람의 시야에서 사라졌다. 점점 빨라졌던 도로의 속도도 서서히 줄어들기 시작했다.

"그런데, 왜 200m죠?"

매직시스가 궁금증을 참지 못하는 표정으로 물었다.

"두 사람 사이의 거리는 200m예요. 두 사람의 속력은 똑같이 10m/s이죠. 즉, 두 사람은 1초에 10m를 뛰어가니까 두 사람 사이의 거리는 1초에 20m씩 줄어들게 돼요. 그러므로 200m가 줄어들어 두 사람이 포옹할 때 까지 걸린 시간은 10초가 되겠죠?"

"200÷20=10이군요."

매직시스가 누리를 빤히 쳐나보며 내답했다.

"파리의 속력이 얼마라고 했죠?"

"20m/s요."

"파리가 남자의 이마를 출발해 두 사람의 이마 사이에 끼어 죽을 때까지 걸린 시간도 10초예요. 그리고 파리가 일정한 속력으로 날아다닌다고 했으니까 파리가 10초 동안 움직인 거리를 구하면 돼요. 그래서 바로 20m/s × 10s=200m가 되는 거죠.”

누리가 설명하는 사이에 도로의 속도는 점점 줄어들더니 이내 멈춰 섰다.

“해냈어요!”

매직시스가 입을 함지박만 하게 벌리고 아이처럼 신난 표정으로 소리쳤다. 누리는 하마터면 내려올 수 없었던 붉은 카펫의 자동도로에서 땅 쪽으로 발을 내딛으며 ‘휴’ 하는 긴 한숨을 쉬었다. 누리를 뒤따라 매직시스도 땅으로 깡충 뛰어 내렸다. 혹시나 다시 도로가 움직일까봐 멀찍이, 멀찍이로.

2. 두 번째 고수
포시아Posia ― 장력

"포시아를 방문한 20번째 손님을 환영한다. 참고로 19번째까지의 손님
은 게임을 통과하지 못해 여러 가지 사물이 되어 이 성 안을 돌아다니
고 있다. 큭."

포시아Posia ─ 장력

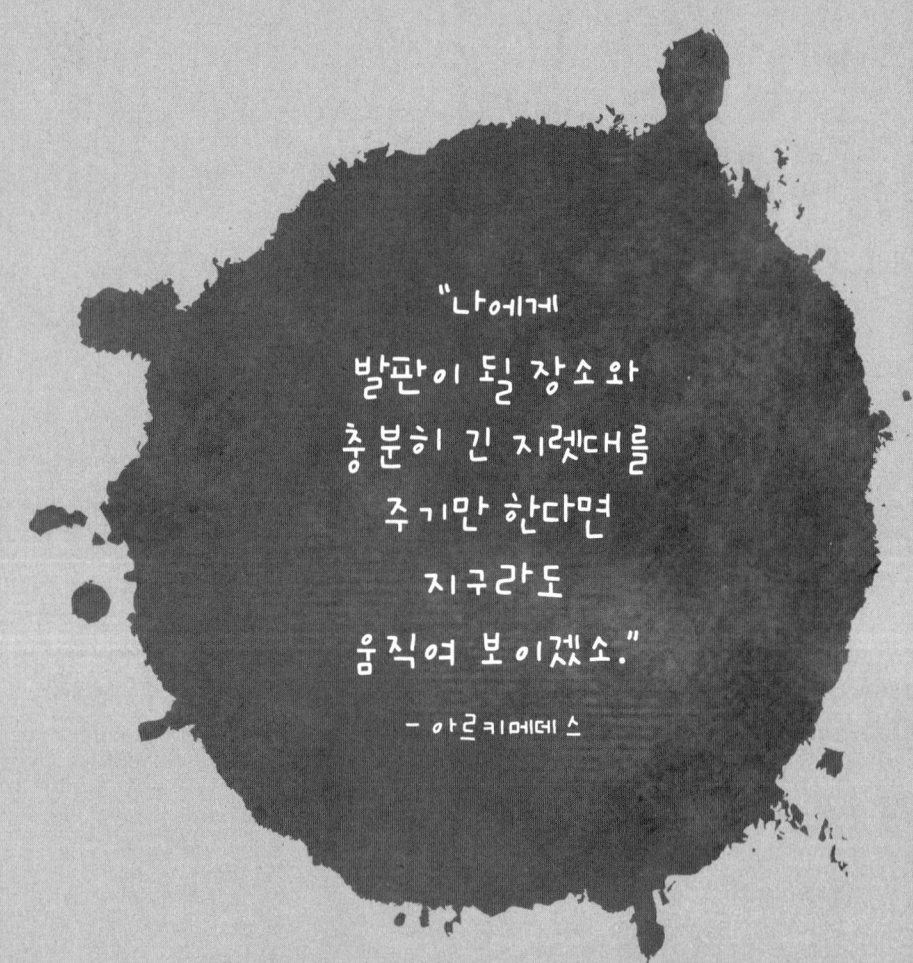

"나에게

발판이 될 장소와

충분히 긴 지렛대를

주기만 한다면

지구라도

움직여 보이겠소."

─ 아르키메데스

잠시 후, 두 사람은 무지개 색 연기 속에 휩싸여 아무것도 볼수 없게 되었다. 연기가 걷히고 두 사람의 눈 앞에 나타난 것은 놀랍게도 과학의 성이었다.

"어떻게 된 거죠? 우린 좀 전에 성에 들어왔잖아요?"

누리가 화들짝 놀라 말했다.

"과학의 성은 안과 밖의 구별이 없다니까요. 지금 눈에 보이는 성이 우리가 들어왔던 성인지 아닌지 아무도 몰라요. 성 안에, 성 안에, 성이 있는 식으로 이어진다고 생각할 수도 있고, 시간과 공간의 복잡한 구조 때문에 어떤 위치에서 성이 사라지고 다른 위치에 성이 나타난다고 생각할 수도 있고요. 성의 구조에 대한 비밀은 아무도 몰라요."

매직시스는 대수롭지 않다는 듯 말하며 앞장서서 성 안으로 들어갔다. 누리도 주변을 두리번대며 매직시스의 뒤를 따랐다. 성으로 들어가자 높이 뚫린 천장이 보였고 비교적 넓은 홀이 나타났다. 벽에는 온통 중세 기사 모습의 동상과 낡은 그림들이 걸러 있었다.

"이번에는 성 안 같아요."

누리가 사방을 둘러보며 말했다.

"이그, 좀 전에도 성 안이었다고요. 앞으로도 성의 구조는 계속 달라질 테니까 익숙해져야 할 거예요."

매직시스가 눈을 찡긋하며 말했다.

천장의 높이는 대략 **20m**쯤 되어 보였다. 얼핏 보면 중세 유럽의 성당 같은 느낌도 들었다.

"이번에는 어떤 과학 고수가 올까요?"

누리가 물었다.

"성주님만이 아시겠죠."

두 사람은 초조한 마음으로 두 번째 과학 고수를 기다렸다. 그때 갑자기 동쪽 벽에 서 있던 중세 기사의 동상이 흔들거렸다. 누리의 눈이 휘둥그레졌다.

"동상이 움직여요!"

"흠, 과학 고수가 등장하려나 봐요."

매직시스의 말대로 잠시 후 북쪽 벽이 부풀어 오르기 시작하더니 중세 영국의 백작 같은 인상을 가진 은발의 남자가 나타났다.

"어서 오시오. 나는 힘을 담당하는 포시아 백작이오. 매직시스, 오랜만이군. 그동안 반성은 많이 한 건가?"

포시아가 무시하는 투로 매직시스를 보며 말했다.

"네, 네, 그럼요. 이제 다시는 죄 짓지 않을 거예요."

매직시스가 큰 눈을 동그랗게 뜨고 두 손을 싹싹 빌며 말했다.

"저 친구가 매직시스를 도와줄 사람이군. 그리 영리해 보이진

힘을 담당하는 두 번째 과학 교수.
스피더스 보다
훨씬 박식하고
이론적인 것으로 보임.

포시아 백작

않는데……."

"그건 게임을 해 본 다음에 얘기하시죠. 당신과 나, 둘 중의 하나는 바보 소리를 듣게 될 테니까요."

포시아의 말에 누리가 펄쩍 뛰며 소리쳤다.

"흥, 패기가 좋군."

"자신감이라고 해 두죠."

누리는 두 주먹을 불끈 쥐었다. 포시아가 두 사람 앞으로 천천히 걸어오다가 갑자기 멈추더니 손가락으로 바닥을 가리켰다. 그러자 바닥이 튀어나오면서 정사각형 모양의 탁자가 만들어졌다.

"여긴 모든 게 벽이나 바닥에서 튀어나오는군. 내 방도 이런 식이면 지금처럼 비좁게 쓰지 않아도 될 텐데……."

누리는 침대와 책상을 놓고 나면 웅크리고 앉을 공간도 없는 비좁은 자신의 방을 떠올렸다. 순간 집 생각에 눈물이 찔끔 나왔다. 포시아는 다시 손가락으로 탁자의 가운데를 가리켰다. 그러자 먹음직스러워 보이는 케이크가 만들어졌다. 케이크에는 20개의 양초가 꽂혀 있었다.

"누구 생일인가? 나는 스무 살이 아닌데. 저 아저씨가 스무 살일 리는 없고. 그럼 매직시스?"

누리가 중얼거렸다.

"나도 아직 아니에요."

매직시스가 누리에게 귓속말로 속삭였다. 그때 포시아가 입을 열었다.

"포시아를 방문한 20번째 손님을 환영한다. 참고로 19번째까지의 손님은 게임을 통과하지 못해 여러 가지 사물이 되어 이 성 안을 돌아다니고 있다. 큭."

"사물로 변한다고?"

누리는 입술이 바짝 타들어 가는 것 같았다. 포시아는 다시 손가락으로 양초를 가리켰다. 그러자 이번에는 손가락에서 불꽃이 나오더니 순식간에 20개의 양초에 불이 붙었다.

"이제 끄게."

포시아가 누리를 바라보며 명령조로 말했다. 누리는 썩 내키지 않았지만 포시아가 시키는 대로 케이크에 다가가 '후' 하고 바람을 불었다. 20개의 양초가 동시에 꺼졌다.

"좋아. 게임에 들어가기 전에 먼저 하나 묻지. 질량을 가진 두 물체 사이의 힘이 뭐지?"

포시아가 낮은 목소리로 누리에게 물었다.

"만유인력이요. 두 물체의 질량이 클수록 두 물체 사이의 거리가 가까울수록 만유인력은 커져요."

누리가 차분한 어조로 말했다. 하지만 누리의 다리는 오들오들 떨리고 있었다.

"그럼 이상하군. 케이크와 지구는 모두 질량을 가진 물체야. 물론 지구의 질량이 훨씬 크지만. 그렇다면 지구와 케이크 사이의 만유인력 때문에 케이크는 지구에 달라붙기 위해 바닥에 떨어져야 하는데 왜 안 떨어지는 거지?"

"탁자 위에 있으니까요."

누리가 성의 없이 대답했다. 그러자 포시아가 기분 나쁜 표정으로 다시 말했다.

"그런 대답은 과학적이지 않군. 좀 더 과학적으로 대답해 보라고."

"수직항력 때문이에요. 물체가 바닥에 놓여있을 때 바닥이 물체를 떠받치는 힘은 바닥과 수직을 이루는 방향으로 작용하는데 이 힘을 수직항력이라고 해요. 이때 물체가 바닥 때문에 받는 수직항력은 위쪽 방향이지요. 그리고 지구가 물체를 잡아당기는 만유인력의 방향은 아래쪽이고요. 즉, 케이크는 두 종류의 힘을 받고 있어요. 이렇게 하나의 물체에 두 개의 힘이 작용할 때는 두 힘의 합력을 생각해야 해요. 방향이 반대인 두 힘의 합력의 크기는 두 힘의 크기의 차이가 되고 합력의 방향은 둘 중 크기가 큰 힘의 방향이 되지요. 이때 우연히 두 힘이 크기가 같고 방향이 반대이면 두 힘의 합력은 0이 되는데 이때 두 힘은 평형상태에 있다고 해요. 이렇게 물체에 작용하는 두 힘이 평형을 유지하면 물체에게 실제로 작용하는 힘이 0이기 때문에 케이크가 바닥에 떨어지지 않고 탁자 위에 놓여 있게 되는 거예요."

"제법이군."

포시아가 고개를 끄덕였다. 담담한 듯했지만 왠지 불안한 표정이었다. 반면 매직시스는 잔뜩 감격한 표정으로 누리를 쳐다보았다. 포시아가 손으로 다시 천장을 가리켰다. 그러자 천장에서 긴 끈이 내려오더니 두 사람의 머리 위에 멈췄다. 포시아가 다시 줄의 끝을 손가락으로 가리키자 화려하게 빛나는 샹들리에가 줄 끝에 매달렸다.

"샹들리에는 탁자 위에 없어. 그렇다면 지구가 잡아당기는 만유인력 때문에 바닥으로 떨어져야 하잖아? 그런데 안 떨어지는 이유는 뭐지?"

포시아가 샹들리에와 누리를 번갈아 보며 물었다.

"힘의 평형 때문이에요."

"탁자가 없잖아? 그럼 수직항력도 없을 텐데."

"다른 힘이 있어요."

"뭐지?"

"줄의 장력이에요. 줄에 힘을 작용하면 줄은 원래의 상태로 되려는 힘을 행사하게 되는데 이 힘을 줄의 장력이라고 불러요. 샹들리에의 무게(지구가 샹들리에를 잡아당기는 만유인력)가 아래쪽 방향이니까 줄의 장력의 방향은 위쪽이에요. 만약 줄이 샹들리에를 지탱하지 못할 정도로 약하면 샹들리에의 무게가 줄의 장력보다 커서 샹들리에는 아래쪽으로 떨어지겠죠. 하지만 저렇게 샹들리에가 매달려 정지해 있다는 건 줄의 장력이 샹들리에의 무게와 크기는 같고 방향은 반대로 작용한다는 거예요. 즉, 샹들리에에 작용하는 두 힘―샹들리에의 무게와 줄의 장력―은 평형상태에 있어서 떨어지지 않는 거죠."

누리가 씩씩 소리를 내며 숨이 찬 표정으로 말했다. 포시아는 아무 대꾸도 하지 않았다. 본격적인 게임에 들어가기 앞서 기 싸움에서는 일단 누리가 이긴 듯 했다.

포시아가 다시 손으로 샹들리에와 줄을 가리켰다. 그가 손을 좌우로 흔들자 천장에 매달린 줄과 샹들리에가 순식간에 사라졌다.

'포시아는 손 마법의 달인이군.'

누리가 속으로 중얼거리며 포시아의 손을 응시했다.

"그럼, 지금부터 본격적인 게임에 들어가지."

포시아가 낮게 목소리를 깔았다. 홀 안에는 긴장감이 감돌았다.

"어떤 게임이죠?"

누리가 서슴없이 물었다.

"줄의 장력에 관한 걸로 하지."

"지금 했잖아요?"

누리가 반문했다.

"조금 다른 문제지. 이번에는 너희 두 사람이 물체가 되어 해보는 실험이야. 과학은 역시 실험이 중요하거든, 암."

포시아는 여유 있는 표정이었다.

'과학의 성이라더니, 순 과학을 못 잡아먹어서 안달난 사람들만 있군, 쳇.'

잠시 후 두 사람 앞에 두 개의 줄이 나타났다. 물론 포시아가 손 마법으로 만든 것이었다. 두 개의 줄은 길이는 똑같지만 하나는 푸른색이었고 다른 하나는 붉은색이었다. 누리는 줄에 가까이 다가가 두 줄을 찬찬히 살펴보았다. 푸른색 줄은 두꺼웠고 붉은색 줄은 가느다랬다.

"이게 뭐죠?"

누리가 물었다.

"이번 문제의 재료지."

포시아가 팔짱을 낀 채 나지막한 목소리로 대답했다.

"두 줄에 우리를 묶기라도 할 건가요?"

"헉! 어떻게 알았지?"

포시아는 정말로 놀란 표정이었다. 그리고는 다시 누리와 시선을 마주한 채 말했다.

"푸른 줄이 붉은 줄보다
최대 장력이 3배 크다."

"최대장력이 뭐죠?"

포시아는 누리의 말에 대꾸
하지 않고 손을 휘저었다.
무언가를 만들기 위한
행동이었다. 그리고 잠시 후,
접시가 매달린 줄이 고정되어 있는
틀이 나타났다.

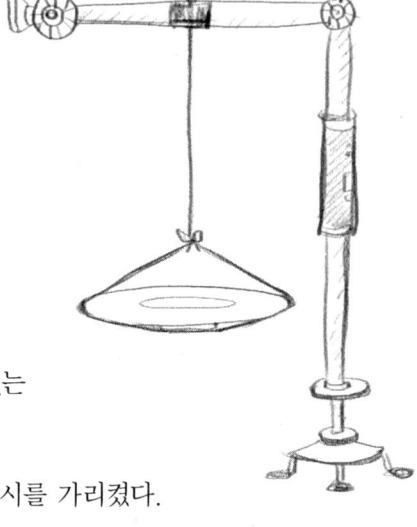

포시아는 다시 손가락으로 접시를 가리켰다.
그러자 접시 위에 '1kg'이라고 쓰인 추가 나타났다.

"저 추는 질량이 1kg이야. 그럼 무게는 얼마지?"

포시아가 누리를 쏘아보며 물었다.

"무게는 힘이에요. 지구가 물체를 잡아당기는 힘이죠. 힘은 질
량과 가속도의 곱인데 지구에서 물체가 받는 가속도를 중력가속
도라고 하고 그 값은 $9.8m/s^2$이에요. 숫자가 복잡하니까 대략
$10m/s^2$으로 계산하기로 하죠. 그렇다면 물체의 무게는 $1kg \times$
$10m/s^2=10kg \cdot m/s^2$인데 $kg \cdot m/s^2$을 힘의 법칙을 처음 발견
한 과학자 뉴턴의 이름을 따서 'N'이라고 쓰고 '뉴턴'이라고 읽
지요. 그러니까 질량이 1kg인 추의 무게는 10N이에요."

누리가 자신 있는 목소리로 설명했다.

"맞아, 그러니까 지금 줄의 장력은 10N이야."

포시아가 고개를 끄덕이며 말하고는 다시 손으로 접시를 가리키자 1kg의 추가 하나 더 생겨났다.

"지금 줄의 장력은 얼마지?"

포시아가 누리를 쳐다보았다.

"20N이에요."

누리가 간단하게 대답했다.

"잘했어. 아직 줄이 안 끊어졌군. 이제 0.1kg짜리 추를 하나씩 추가해 보지."

포시아는 집게손가락으로 접시를 가리키며 손가락을 접었다 폈다 했다. 손가락이 한 번 접힐 때마다 접시에는 0.1kg의 추가 하나씩 나타났다. 일곱 번째 0.1kg의 추가 나타나자 줄이 '뚝' 소리를 내며 끊어져 접시와 추들이 바닥에 뒹굴었다. 포시아는 바닥을 손으로 가리켜 접시와 추들을 모두 사라지게 만든 후 천천히 입을 열었다.

"추의 질량이 2.6kg일 때까지는 줄이 안 끊어졌어. 하지만 한 개가 더 생겨 추의 총 질량이 2.7kg이 되자 줄이 끊어졌거든. 그렇다면 이 줄은 질량이 2.6kg인 물체까지만 견딜 수 있다는 거야. 즉 26N의 무게까지만 말이야. 이때 줄의 장력은 26N이지.

이렇게 줄이 끊어지지 않으면서 생길 수 있는 장력의 최댓값을 최대장력이라고 하지."

포시아는 스피더스보다는 훨씬 박식하고 이론적인 듯 했다. 누리는 한편으로는 존경하고 다른 한편으로는 경계하는 눈빛으로 포시아를 응시했다. 그리고 푸른 줄과 붉은 줄에 자신과 매직시스를 정말로 묶을 건지 궁금했다.

"자! 그렇다면 과제를 말해주지. 두 개의 줄에 너희 두 사람이 매달려 1분을 버티면 너희가 이기는 걸로 할 거야. 어떤 색깔의 줄을 먼저 매달고 그 줄에 누가 먼저 매달리는가는 너희가 선택하면 돼. 나머지는 나의 손 마법으로 설치해 줄 테니까."

포시아의 목소리가 별안간 커졌다. 마치 승리를 확신하는 듯한 표정이었다. 누리는 다시 한 번 두 개의 줄을 만져보았다.

'최대장력이 큰 푸른 줄…… 최대장력이 작은 붉은 줄…….'

누리는 속으로 중얼거렸다.

"어떻게 하죠?"

두 사람의 대화를 조용히 듣고 있던 매직시스가 걱정스러운 눈빛으로 누리를 쳐다보았다.

"결정했어요."

누리가 담담한 표정으로 말했다.

"어떻게?"

포시아가 물었다.

"먼저 푸른 줄을 천장에 매달고 제가 매달리겠어요. 그리고 제 발에 붉은 줄을 매달고 매직시스가 매달리는 걸로 하겠어요."

"번복하지 않을 거지?"

"네."

누리가 확신에 찬 표정으로 대답했다. 매직시스는 근심어린 눈으로 말없이 누리를 바라보기만 했다. 포시아는 손으로 푸른 줄을 먼저 가리키고 그 다음 누리, 붉은 줄, 매직시스의 순서로 가리키더니 마지막 으로 천장 끝을 손으로 가리켰다. 그러자 순식간에 두 사람은 푸른 줄과 붉은 줄에 엮여 천장에 매달린 꼴이 되었다.

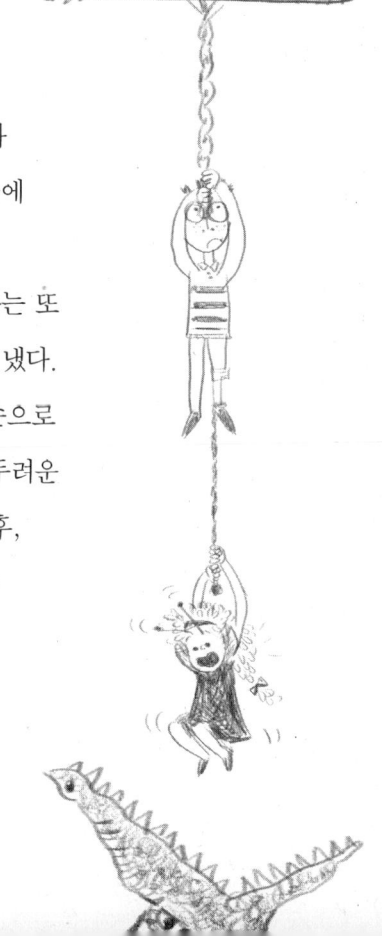

그 모습을 흐뭇하게 바라보던 포시아는 또 다시 손으로 커다란 모래시계를 만들어 냈다. 모래시게는 1분짜리었나. 누리는 두 손으로 푸른 줄을 꼭 쥐었고 매직시스는 약간 두려운 표정으로 붉은 줄을 잡고 있었다. 잠시 후, 포시아가 매직시스의 발끝에서 약 10m 정도 아래인 바닥을 손으로 가리키자 바닥이 열리면서 악어들이 나타나 입을 쩍 벌렸다. 악어들은 입맛을 다시며 두 사람이 떨어지기만을 기다리는 것 같았다.

"악어예요!"

매직시스의 목소리가 심하게 떨렸다.

"걱정 말아요. 이 줄은 절대 안 끊어 질 테니까요."

누리가 매직시스를 안심시켰다.

모래가 점점 아래로 내려가더니 위쪽에 있는 모래가 거의 바닥을 드러냈다. 1분이 다 되어간다는 신호였다. 잠시 후 위쪽에 있던 모래가 아래로 모두 떨어지자 포시아가 위를 올려다보며 말했다.

"너희가 이겼다."

"우와, 우리가 해냈어요!"

매직시스가 환호성을 질렀다.

잠시 후 바닥이 닫히자 어느새 두 사람은 다시 땅 위에 서 있었고 포시아의 모습은 보이지 않았다.

3. 세 번째 고수
액티온 부인Mrs. Action
– 작용 · 반작용

"그렇다면 용수철로 변해 체중계 안에서 살게 될 거예요. 사람이 올라
타면 압축되고 올라타지 않으면 원래의 길이가 되는 용수철 말이에요.
재밌겠군요. 용수철로 새로운 인생을 산다는 게…… 호호호."

액티온 부인Mrs. Action
– 작용·반작용

힘이란
두 물체의 상호작용이다.
즉, 우주 공간에
물체가 한 개만 있다면
힘이란 정의되지 않는다.
두 물체에 힘이 작용할 때
힘은 쌍방향으로 작용한다.
키스는, 사랑에 의해
힘이 쌍방향으로 작용하는
아주 좋은 예이다.

누리와 매직시스의 눈앞에 펼쳐졌던 장면이 사라지자 어느새 다시 과학의 성이 모습을 나타냈다. 이번에는 두 사람 모두 망설임 없이 성 안으로 들어갔다. 성 안은 좁은 복도로 이루어져 있었다. 누리는 발을 딛으려다가 주춤거렸다.

"혹시 또 움직이는 길 아닐까요?"

누리가 두려운 표정으로 매직시스를 힐끔 보며 말했다.

"그건 아닐 거예요. 과학 고수들은 자존심이 강해서 다른 고수가 사용하는 방법을 흉내 내지 않아요."

매직시스의 말에 누리는 안심하고 조심스럽게 첫 발을 내딛었다. 예상대로 복도는 움직이지 않았다. 두 사람은 양쪽 벽에 이해하기 어려운 공식들이 잔뜩 쓰여 있는 복도를 따라 걸었다. 한참을 걸어가자 거대한 벽이 두 사람을 가로막았다.

"뭐예요? 막다른 골목이잖아요?"

누리가 다른 곳에 통로가 있는지 살피며 매직시스에게 말했다.

"기다려 보죠. 새로운 과학 고수가 올 거 같은 느낌이 들어요."

매직시스기 차분하게 말했다. 누리는 혹시 막힌 벽을 밀면 통로가 나오지 않을까 하는 생각에 두 손으로 힘껏 벽을 밀어 보았다.

"아얏!"

누리의 비명소리였다. 갑자기 벽에서 뾰족한 돌멩이들이 튀어

나와 누리의 손을 찔렀다.

'쿵!'

그때 갑자기 묵직한 소리와 함께 벽이 누리를 향해 넘어지면서 누리를 덮쳤다.

"도와줘요. 매직시스!"

누리가 벽에 깔린 몸을 빼내려고 안간힘을 썼지만 무거운 벽은 꼼짝도 하지 않았다. 매직시스는 마법으로 움직도르래 장치를 불러 벽을 도르래의 줄에 연결해 손쉽게 벽을 들어올렸다. 누리는 사람을 피해 달아나는 바퀴벌레처럼 재빠르게 그 자리를 기어서 빠져나왔다.

"복도의 방에 온 손님이군요, 호호호. 내 장난이 너무 심했나요? 나는 작용·반작용의 고수인 액티온 부인이에요. 만나서 반가워요. 나와의 게임에서 선전해 주세요."

액티온 부인이 킬킬대며 만신창이가 된 누리를 놀려댔다.

"작용·반작용은 저도 잘 알고 있어요."

누리가 아픈 손을 비비며 불쾌한 표정으로 액티온 부인을 노려보았다.

"그럼 한번 설명해 봐요."

"힘이라는 것은 두 물체 사이의 상호작용이에요. 물체 A와 물체 B라는 두 개의 물체가 있다고 해보죠. 물체 A가 물체 B에 10N의 힘을 작용하면 물체 B도 물체A에 10N의 힘을 작용한다는 거예요. 물론 두 힘의 방향은 정반대고요. 이때 물체 A가 물체 B에 작용한 힘을 '작용' 이라고 하고 물체 B가 물체 A에 작용한 힘을 '반작용' 이라고 부르지요."

"퍼펙트! 좋은 학교를 다녔군요."

"아니요. 독학했어요."

누리가 딱 부러지게 잘라 말했다. 누리의 말에 액티온 부인은 누리를 위아래로 살피며 흡족한 눈빛으로 바라보았다.

"그런데 왜 벽을 뾰족하게 만든 거죠?"

누리는 화가 덜 풀렸는지 입을 삐죽 내밀며 물었다.

"누리 군이 벽을 미는 힘인 작용, 벽이 누리 군을 미는 힘인 반작용에 대해 피부로 느끼게 해주기 위해서였어요. 장난이 지나쳤다면 미안해요, 호호호."

액티온 부인은 내내 웃으며 말했다. 부인은 약 150cm정도의 키에 보통사람보다는 다소 뚱뚱했으며 사각진 얼굴에 어울리지 않는 아줌마 파마머리를 한 촌스러운 모습이었다. 더구나 짧은 다리임에도 흰색 롱드레스를 입어 봐주기 민망한 모습이었다.

정신을 차리고 액티온 부인을 자세히 보게 된 누리는 '큭' 하며 터져 나오는 웃음을 간신히 참았다.

액티온 부인의 핸드백 안에서는
기체 고체 액체 모든 것이 튀어나온다.
액티온 부인보다
두 배는 덩치가 큰
남편도
가끔
나온다나……

액티온 부인

"이번에는 어떤 대결을 할 거죠?"

누리가 다급하게 물었다. 어서 빨리 과학 고수들과의 게임을 마치고 집으로 돌아가고 싶은 마음뿐이었다.

"성질이 무척 급하군요, 호호호. 좋아요, 그렇다면 작용 · 반작용 게임을 하도록 하죠. 성공하길 바라요, 호호호."

액티온 부인이 기분 나쁘게 비웃었지만 누리는 신경 쓰지 않고 머릿속으로 작용 · 반작용에 관해 공부했었던 내용들을 떠올렸다.

액티온 부인이 오른손에 들고 있던 조그만 핸드백을 열어 손을 넣었다. 핸드백에서 나온 것은 놀랍게도 체중계였다.

"우와! 마법의 핸드백이다. 저 작은 핸드백에서 체중계가 나오다니."

누리가 탄성을 질렀다.

"액디온 부인의 핸드백 안에서는 모든 것을 꺼낼 수 있어요. 덩치가 큰 것은 물론 심지어 액체 상태인 물이나 기름도 나와요."

매직시스가 누리에게 귓속말로 속삭였다.

"웬 체중계죠?"

누리가 의아한 표정으로 액티온 부인을 쳐다보았다.

"체중계를 이용한 작용·반작용 게임이죠, 호호호. 제가 이래 뵈도 마법의 과학 고수들 중에서는 날씬한 편이에요, 호호호."

액티온 부인은 웃음을 달고 사는 사람 같았다. 그녀가 체중계 위에 올라섰다. 눈금은 정확히 100kg을 가리켰다.

"사람들은 내 몸무게가 100kg이라고 하죠. 하지만 그건 잘못된 얘기에요."

액티온 부인이 고개를 살랑살랑 흔들며 말했다.

"맞아요. 일반 사람들은 질량과 무게를 구별 못 하지요. 무게는 힘이고 질량은 관성의 크기를 가늠하는 양이에요. 부인의 몸무게는 100kg이 아니라 1000N이에요."

누리가 말했다.

"누리 군, 정말 똑똑하군요. 좋아요. 과제를 내겠어요. 나는 깡마른 사람을 혐오해요. 두 사람 몸무게의 합이 내 몸무게를 넘어서면 여러분이 이긴 걸로 하죠."

"안 넘으면요?"

누리가 매직시스의 호리호리한 몸을 흘깃 본 후 긴장된 목소리로 물었다.

"그렇다면 용수철로 변해 체중계 안에서 살게 될 거예요. 사람이 올라타면 압축되고 올라타지 않으면 원래의 길이가 되는 용수철 말이에요. 재밌겠군요. 용수철로 새로운 인생을 산다는 게…… 호호호."

액티온 부인이 기분 나쁘게 웃었다. 순간 바람이 심하게 불어오면서 바닥에 넘어져 있던 벽이 벌떡 일어나 통로를 막았다. 액티온 부인은 벽과 하나가 되어 모습이 변하더니 두 사람의 눈앞에서 사라졌다. 이제 좁은 통로에는 두 사람과 체중계뿐이었다. 체중계는 두 사람이 동시에 올라탈 수 있는 크기였다. 누리가 매직시스를 위아래로 살펴보더니 말을 꺼냈다.

"너무 말랐어요. 40kg도 안 되죠?"

"어머, 어떻게 알았어요? 그동안 다이어트 대작전을 펼쳐서인지 요즘은 35kg 정도를 유지하고 있어요. 당신은요?"

매직시스는 사태의 심각성을 파악하지 못한 듯 자랑스럽게 말했다.

"55kg이에요."

누리가 힘없이 말했다.

"그렇다면……."

그제야 매직시스의 눈이 놀란 토끼처럼 휘둥그레졌다.

"그래요. 10kg이 모자라요. 무게로 말한다면 100N이 부족하다고요."

누리가 허탈한 표정을 지었다. 두 사람은 오직 한 번만 체중계에 올라갈 수 있었다. 체중계는 지금은 사라진 액티온 부인의 마

법에 의해 통제되는 것 같았다.

"어떡하죠? 10kg을 어디서 구하죠?"

매직시스가 다급하게 물었다.

"당신은 마법사잖아요? 마법으로 10kg이상의 돌멩이를 나오게 하면 안 될까요?"

누리가 애원하듯 매직시스를 바라보았다.

"그게……."

"왜요? 마법으로 안 되는 일인가요?"

"저는 마법 등급이 낮아요. 제 마법으로 그렇게 무거운 것을 만들 수는 없어요. 조금 가벼운 나무지팡이나 옷이라면 또 몰라도……."

매직시스가 근심어린 얼굴로 말했다.

"지팡이요?"

누리의 눈이 번쩍 뜨였다. 매직시스는 당황한 표정으로 누리를 쳐다보았다.

"지팡이로 10kg을 만들 수 있다는 건가요? 1kg도 안 될 것 같은데."

매직시스가 얼굴을 찡그리며 말했다.

"일단 긴 지팡이를 만들어 주세요. 천장에 닿을 수 있어야 해요."

누리의 말에 매직시스는 고개를 갸웃거렸지만 누리의 말을 믿어 보기로 했다. 매직시스는 조그만 목소리로 주문을 외웠다. 그러자 꼬부랑 할머니가 집고 다니는 듯한 지팡이가 두 사람 앞에 나타났다. 지팡이는 나무로 만들어져 있었는데 비교적 단단해 보였다. 누리는 잽싸게 지팡이를 주워 천장까지 대보았다. 천장까지 충분히 닿을 수 있는 길이였다. 누리는 무언가 좋은 일이 일어날 것 같은 신난 표정이 되어 얼굴에 웃음을 가득 머금었다.

"지팡이를 들고 올라가면 되나요? 그런다 해도 100kg에는 한참 모자랄 것 같은데……."

매직시스는 여전히 긴가민가하는 표정이었다.

"나를 믿어 봐요."

누리는 이렇게 말하고 한 손으로 지팡이를 쥐고 다른 한 손으로는 매직시스의 손을 잡아끌고 체중계에 올라섰다. 눈금은 90kg을 조금 넘었지만 91kg에는 못 미쳤다. 지팡이의 질량이 1kg이 안 된다는 뜻이었다.

"한참 모자라요."

매직시스의 음성이 떨려왔다. 순간 누리는 지팡이 끝을 두 손으로 꽉 잡고 있는 힘껏 천장을 밀었다. 체중계의 숫자가 91, 92로 변하기 시작했다. 매직시스는 놀란 눈으로 눈금을 응시하며 소리쳤다.

"좀 더 밀어요!"

누리는 젖 먹던 힘까지 다 해 엄청나게 센 힘으로 천장을 밀었다. 체중계의 눈금이 97, 98, 99를 가리키다가 100을 넘어 101을 가리켰다. 약속한 100kg을 넘긴 것이었다. 그러자 체중계에서 낮은 목소리가 흘러나왔다.

"축하해요. 당신들이 이겼어요."

매직시스는 기쁜 마음에 누리를 꼬옥 안아주었다. 누리의 얼굴이 저녁노을처럼 붉게 변했다.

'위―잉'

그때 갑자기 모터가 돌아가는 듯한 소리가 들렸다.

"어어!"

누리가 비명을 질렀다. 두 사람이 올라타고 있던 체중계가 갑자기 공중으로 날아 오른 것이었다. 매직시스가 깜짝 놀라 누리의 목을 조르듯 끌어안았다.

천장이 사라지면서 두 사람을 태운 체중계는 하늘로 높이 날아올랐다. 과학의 성이 더 이상 보이지 않을 정도로 높이 올라갔을 때 체중계가 말했다.

"액티온 부인의 선물입니다. 과제를 해결한 사람들을 위한 비행이지요. 으흠, 액티온 부인보다 가벼워서 다행이군."

그 말에 두 사람은 '휴' 하고 안도의 한숨을 쉬었다.

"지팡이로 천장을 누르면 무게가 달라지는 이유가 뭐죠?"

그제야 마음의 안정을 찾은 매직시스가 누리의 목을 풀어주며 물었다.

"작용·반작용 때문이에요. 내가 천장을 100N의 힘으로 밀면 작용·반작용의 원리에 따라 천장도 나를 100N의 힘으로 밀지요. 이때 천장이 나를 미는 힘은 아래쪽 방향이에요. 그리고 우리의 무게—지구가 우리를 잡아당기는 힘—의 방향도 아래쪽이고요. 우리의 질량이 90kg이니까 무게는 900N이 되지요. 이렇게 방향이 같은 두 힘이 작용하면 힘의 합력은 900+100=1000(N)으로 커지게 돼요. 내가 10N으로 벽을 밀면 우리에게 작용하는 힘은 무게 900N과 천장이 나를 미는 힘 110N을 합친 1010N이 되지요. 물론 이 힘은 아래쪽으로 작용해요. 그래서 체중계의 눈금이 101kg을 가리키게 된 거예요."

누리의 설명에 매직시스는 고개를 끄덕이며 존경의 눈빛으로 누리를 바라보았다. 어느새 매직시스에게 누리라는 소년은 가장 존경하는 사람이 되어 버린 듯 했다.

두 사람을 태우고 한참을 비행하던 체중계가 고도를 점점 낮추기 시작했다.

"험, 험. 이제 하강입니다."

체중계가 헛기침을 하며 점잖게 말했다.

"다시 과학의 성이 나타나겠죠?"

누리가 매직시스를 바라보며 물었다.

"그렇겠죠. 하지만 안은 또 달라져 있을 거예요."

매직시스가 웃으며 말했다.

"기대되요. 어떤 고수와 어떤 곳에서 대결하게 될지."

누리는 이렇게 말하며 먼 하늘을 바라보았다. 어느덧 석양 빛에 물든 노을이 지고 있었다. 두 사람 주위가 온통 붉게 물들었다. 두 사람은 낙하산처럼 천천히 내려오는 체중계에서 붉은 노을을 응시하며 새로운 고수와의 대결에 대한 각오를 다졌다.

4. 네 번째 고수
모멘트 백작The Count of Moment — 운동량과 충격력

"재미있는 토론이군, 그러니까 고무줄이 질량은 작지만 속도가 커서 운동량이 크다는 얘기지? 하지만 그것만으로는 고무줄이 달걀을 깨는 이유를 설명할 수 없을 텐데."

모멘트 백작The Count of Moment - 운동량과 충격력

사람은
자신들의 버릇이나 습관을
유지하려는 경향이 있다.
물체도 마찬가지이다.
물체도
처음의 운동 상태를
유지하려는 성질이 있는데
이것이 관성이다.
움직이는 물체의
관성을 나타내는 것이
운동량이다.

누리와 매직시스는 다시 나타난 과학의 성 안으로 들어갔다. 성 안은 조명이 없어서인지 어두침침했다. 금방 귀신이라도 튀어 나올 것 같은 분위기였다.

"무서워요."

매직시스가 잔뜩 웅크리며 말했다.

"공포체험인가?"

누리는 어둠 속에서 조심스럽게 걸음을 내딛었다.

'두두두둑'

그런데 그때, 무언가 정체를 알 수 없는 소리와 함께 어떤 물체가 두 사람을 향해 날아왔다.

"아얏!"

매직시스가 뺨에 무언가를 맞고 아파했다. 어둠 속이라 두 사람은 일방적으로 당할 수밖에 없었다.

"고개를 숙여요!"

누리가 소리쳤다. 두 사람은 납작 바닥에 엎드려 고개를 숙였다. 잠시 후 누리가 주변을 살피며 조심스럽게 바닥에 떨어진 물체를 집어 들었다. 손으로 잡아 당겼더니 주욱 늘어나는 것이 물체는 분명 고무줄이었다.

"누가 고무줄 총을 연발로 쏘는 것 같아요."

누리가 두 손으로 얼굴을 가리며 말했다.

"고무줄이요? 이렇게 가벼운 것에 맞았는데 왜 이렇게 아픈 거죠?"

매직시스가 이해되지 않는다는 표정으로 물었다. 그때 조명이 켜지면서 갑자기 주위가 환해졌다. 바닥에는 두 사람과 충돌 후 떨어진 노란 고무줄들이 널려 있었다. 그때 누군가의 우렁찬 목소리가 들려왔다.

"오호! 나를 찾아온 친구들이군. 나는 운동량의 고수인 모멘트 백작이다!"

두 사람은 소리가 나는 쪽으로 고개를 돌렸다.

"으악! 귀신이에요."

매직시스가 비명을 질렀다. 과연 모멘트 백작은 사자의 얼굴에 사람의 몸을 한 괴물같았다.

"귀신이 아니라 백작이라니까!"

모멘트 백작이 툴툴거리며 매직시스를 노려보았다. 모멘트 백작의 손에는 고무줄이 연발로 발사되는 고무줄 총이 들려 있었다.

"이거 내가 만든 고무줄 총인데 끝내줘. 한 번에 100발이 연속적으로 나가거든."

두 사람의 시선이 자신의 고무줄 총에 고정되어 있는 것을 느끼자 모멘트 백작은 자신의 발명품에 대한 자랑을 늘어놓았다.

"묘기를 보여 주지."

한 번 **쏘**면 100발이 연속적으로 나가는
고무줄 총을 자랑하는 네 번째 고수

모멘트 백작

특별할 것 없어 보이는
고무줄 총

모멘트 백작은 이렇게 말하고는 마법으로 100개의 달걀을 만들어냈다. 100개의 달걀은 일렬로 줄을 서 있었다. 모멘트 백작은 두 사람을 향해 손으로 V자를 그리더니 고무줄 총을 조준하고 100개의 달걀을 노려보았다. 그리고 민첩한 동작으로 고무줄 총의 방향을 바꿔가며 달걀을 향해 고무줄을 발사했다. 한 치의 오차도 없이 고무줄 하나가 하나의 달걀을 향해 날아갔다. 순식간에 100개의 달걀은 모두 박살이 났다.

　　"대단한 쇼예요! 브라보!"

　　누리가 박수를 치며 환호했다.

　　"쇼가 아니라 과학!"

　　모멘트 백작이 기분 나쁜 표정을 지었다.

　　"제가 알고 있는 상식으론 이해가 안 돼요. 고무줄은 가볍잖아요. 저렇게 가벼운 걸 던져서 계란을 깨뜨린다는 게…… 혹시 마법의 고무줄 아닌가요?"

　　매직시스는 바닥에 떨어진 고무줄 하나를 주워 찬찬히 살펴보았다. 틀림없이 평범한 고무줄이었다. 매직시스는 고무줄을 늘였다 줄였다 하면서 고개를 갸웃거렸다.

　　"뚱뚱한 사람이 천천히 걸어올 때와 조금 마른 사람이 엄청 빠르게 뛰어올 때 중에서 어느 사람을 멈추게 하기가 더 어렵죠?"

　　누리가 빙긋 웃으며 매직시스에게 물었다.

"그야 빨리 뛰어오는 사람이죠."

"맞아요. 사람이 움직이고 있으면 그 사람은 계속 그 속도를 유지해 움직이려는 관성을 갖게 돼요. 물론 정지해 있을 때는 질량이 큰 사람을 움직이게 하기 어렵죠. 하지만 움직이고 있을 때는 질량뿐 아니라 속도도 고려해야만 해요. 즉, 질량도 크고 속도도 크다면 물체의 운동 상태를 바꾸기 어려워지지요. 그래서 과학자들은 질량과 속도의 곱을 운동량이라고 부르고, 운동량이 큰 물체는 운동 상태를 바꾸기 어렵다는 사실을 알아낸 거예요."

누리가 운동량에 대해 친절하게 설명했다. 그러자 두 사람의 대화를 가만히 듣고 있던 모멘트 백작이 끼어들었다.

"재미있는 토론이군. 그러니까 고무줄이 질량은 작지만 속도가 커서 운동량이 크다는 얘기지? 하지만 그것만으로는 고무줄이 달걀을 깨는 이유를 설명할 수 없을 텐데."

"맞아요. 그건 충격력과 관계있어요."

누리가 주저하지 않고 대답했다. 모멘트 백작은 흠칫 놀라며 누리와 시신을 마주쳤다.

"좀 더 설명해 보게."

모멘트 백작이 나지막한 목소리로 물었다.

"어떤 두 물체가 충돌할 때 두 물체 사이에 작용하는 힘이 충격력이에요. 고무줄이 달걀에 부딪칠 때 작용한 힘, 그게 바로 고무줄이 달걀에 작용한 충격력이죠. 고무줄은 달걀과 충돌하면서 속도가 변해요. 그러니까 운동량도 변하겠지요. 뉴턴의 운동법칙은 힘이 질량과 가속도의 곱이라는 거예요. 가속도는 속도의 변화를 시간으로 나눈 값이니까 힘은 질량과 속도의 변화의 곱을 시간으로 나눈 값이에요. 여기서 질량과 속도의 변화의 곱은 바로 운동량의 변화이므로 힘은 운동량의 변화를 시간으로 나눈 값이 돼요.

$$\text{힘} = \text{질량} \times \text{가속도} \left(\text{가속도} = \frac{\text{속도의 변화}}{\text{시간}} \right) \; \text{즉,} \; \text{힘} = \frac{\text{질량} \times \text{속도의 변화}}{\text{시간}}$$

그럼 다시 충돌 문제로 돌아가 보죠. 이때 운동량의 변화는 고무줄의 운동량의 변화를, 그리고 시간은 충돌에 걸린 시간을, 힘은 충격력을 나타내지요. 그러므로 고무줄이 달걀에 작용하는 충격력의 크기는 고무줄의 운동량의 변화를 충돌에 걸린 시간으로 나눈 값이 돼요. 그러니까 운동량의 변화가 클수록, 그리고 충돌에 걸리는

$$\text{충격력} = \frac{\text{고무줄의 운동량의 변화}}{\text{충돌에 걸린 시간}}$$

시간이 짧을수록 충격력은 큰 거예요. 그런데 달걀과 같이 껍데기가 단단한 물체와 고무줄이 충돌할 때는 충돌에 걸린 시간이 아주 짧아요. 그러면 달걀이 큰 충격력을 받을 거고 그 힘을 껍

데기가 견디지 못해서 깨지는 거죠."

누리가 긴 설명을 마치자 모멘트 백작은 떨떠름한 표정으로 박수를 쳤다. 왠지 누리를 잔뜩 경계하는 듯한 표정이었다.

"빨리 과제를 풀고 싶어요."

누리가 모멘트 백작을 노려보며 말했다.

"눈에 힘 좀 빼지."

모멘트 백작이 더 무서운 눈으로 누리를 노려보며 음흉하게 웃었다. 두 사람 사이에 긴장감이 흘렀다. 그러더니 모멘트 백작은 아무 말 없이 매직시스에게 눈을 돌렸다. 그리고 그녀를 향해 알아들을 수 없는 말을 떠들어 댔다. 순간 놀라운 일이 벌어졌다. 매직시스가 어느새 나타난 휠체어에 묶인 듯 꼿꼿이 앉아 있었다.

"이게 어떻게 된 거죠?"

매직시스는 어리둥절해 하면서 엉덩이를 이리저리 비틀어 의자에서 일어나려 했다. 하지만 강력한 접착제에 붙어있는 것처럼 매직시스의 몸은 전혀 움직이지 않았다. 매직시스는 금방이라도 울 것 같은 표정으로 누리를 쳐다보았다.

"도와줘요!"

누리는 황급히 휠체어로 달려가 매직시스를 일으켜 보았지만 아무 소용이 없었다. 모멘트 백작이 흰 이를 드러내고 낄낄 웃어 댔다.

"마법의 접착제야. 누구도 뗄 수 없지. 다만 과제를 해결하면 마법을 풀어주도록 하지."

"빨리 과제를 내줘요!"

누리가 재촉했다. 모멘트 백작이 다시 주문을 외우자 소화기 한 대가 누리 앞에 나타났다.

"웬 소화기죠? 불이 난 것도 아닌데……."

누리가 재빨리 주변을 돌아보며 물었다.

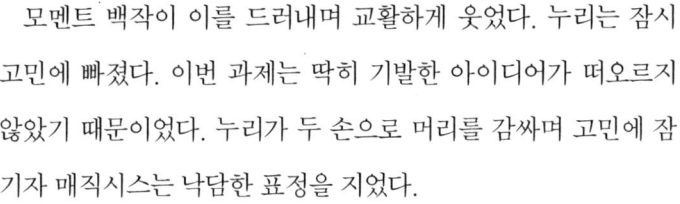

"문제를 풀기 위한 소품이지. 소화기를 이용해 휠체어를 저절로 움직이게 한다면 매직시스는 일어날 수 있어. 그게 내 과제야."

모멘트 백작이 이를 드러내며 교활하게 웃었다. 누리는 잠시 고민에 빠졌다. 이번 과제는 딱히 기발한 아이디어가 떠오르지 않았기 때문이었다. 누리가 두 손으로 머리를 감싸며 고민에 잠기자 매직시스는 낙담한 표정을 지었다.

'뽀_옹'

그런데 마침 민망하게도 누리가 너무 긴장한 나머지 방귀를

꿰었다. 모멘트 백작은 몹시 불쾌해하며 고개를 절레절레 흔들었다.

"맞아! 그거야."

누리는 갑자기 좋은 생각이 떠오른 듯 소화기를 들고 휠체어로 다가갔다.

"헉, 저에게 뿌리려고요?"

놀란 매직시스가 휠체어 위에서 버둥거리며 소리쳤다.

"로켓 휠체어를 만들 거예요."

누리는 매직시스를 안심시키며 소화액이 분출되는 곳을 휠체어의 뒤쪽으로 향하도록 소화기를 휠체어에 매달았다.

"쓰리, 투, 원, 제로!"

그리고 카운트다운을 외치며 누리가 소화기의 안전핀을 푸는 순간, 이산화탄소 기체를 뒤로 힘차게 뿜으며 휠체어가 앞으로 전진했다.

"이야, 재밌어요!"

매직시스는 놀이동산에 놀러온 어린아이처럼 마냥 신난 표정이었다. 잠시 후 휠체어는 벽과 가볍게 부딪친 후 그 자리에 멈췄다. 그리고 매직시스가 엉덩이를 들어 올리자 휠체어에서 몸이 가볍게 분리되었다.

"야호! 평생을 앉은뱅이로 살 뻔 했잖아!"

매직시스는 탄성을 질렀다.

"대단한 놈이군."

모멘트 백작은 날카로운 눈빛으로 누리를 노려보며 중얼거렸다. 그리고 순식간에 자취를 감추었다. 그러자 여전히 신난 표정의 매직시스가 상냥한 목소리로 누리에게 물었다.

"어떻게 한 거죠?"

"운동량 보존 법칙을 이용한 거예요."

누리가 서슴없이 대답했다.

"그게 뭐죠?"

"정지해 있던 하나의 물체가 두 개의 물체로 분리되어도 운동량의 합은 달라지지 않는다는 거예요. 그러니까 휠체어와 소화기를 하나의 물체라고 하면 안전핀을 풀기 전에는 휠체어가 멈춰 있으니까 속도는 0이겠죠. 즉 운동량은 0이에요. 이제 안전핀을 풀면 질량을 가진 가스가 분출이 되며 빠른 속도로 날아가니까 운동량을 가지게 되겠죠. 그럼 남아 있는 부분의 운동량과 가스의 운동량의 합이 다시 0이 되어야 하니까 남아 있는 부분의 운동량은 가스의 운동량과 크기는 같고 방향은 반대가 돼요. 그래서 가스가 분출되는 방향과 반대의 방향으로 전진하는 거죠."

누리가 차분하게 설명했다.

"풍선을 불다가 입구를 잡았던 손을 놓으면 앞으로 전진하며 날아가는 것도 같은 원리겠군요."

매직시스가 동의를 구하는 표정으로 누리의 얼굴을 바라보며
말했다.

"맞아요. 이 원리를 이용해서 우주를 날아가는 게 바로 로켓이
에요. 로켓에서 연료를 뒤로 분사시키면 로켓은 앞으로 추진되
면서 가속되죠. 또한 오징어가 헤엄치는 원리와도 같아요."

"그건 왜죠?"

매직시스의 눈이 휘둥그레졌다.

"오징어는 몸속에 물을 모았다가 물을 뒤로 빠르게 배출하면
서 앞으로 가속되거든요."

누리의 설명에 매직시스가 고개를 끄덕였다. 그때 갑자기 실
내가 어두워지기 시작했다. 그리고 잠시 후 칠흑 같은 암흑이 찾
아왔다.

에네아Enea — 에너지 보존
법칙과 무게 중심

"무릎을 꿇고 양손을 뒤로 깍지끼고 입으로 먹는 거야. 두 사람 중 한 사람이라도 성공하면 이긴 걸로 해 주지. 빨리 끝냈으면 좋겠어. 파티에 가야하거든. 남자 마법사들이 나의 등장을 눈 빠지게 기다리고 있을 테니까 말이야."

에네아Enea — 에너지 보존 법칙과 무게 중심

에너지는
도중에 사라지거나
저절로 생겨나지 않는다.
다만
다른 종류의 에너지로
바뀔 뿐이다.
어떤 특별한 경우에는
에너지의 종류가 바뀌지 않는데
그런 대표적인 예가
역학적 에너지가
보존되는 경우이다.

누리와 매직시스는 다시 과학의 성 안으로 들어갔다. 벌써 몇 번째 들어가는지 잘 기억이 나지 않았다. 그리고 지금 들어가는 성이 맨 처음 들어갔던 성과 같은지 다른지도 분명하지 않았다. 항상 그랬듯이 성 안의 구조는 들어갈 때마다 달랐다. 이번에는 탁 트인 잔디밭이 펼쳐져 있었고 피사의 사탑처럼 비스듬하게 기울어져 있는 중세시대의 탑이 보였다. 탑의 높이는 어림잡아 20m는 족히 되어 보였다.

"정신을 차릴 수가 없어요."

누리가 투덜댔다.

"왜요?"

매직시스가 누리를 쳐다보며 물었다.

"매번 성이 달라져서 말이에요."

"이제 적응해야죠. 앞으로도 몇 번이나 더 달라질지 모르는데……."

"쳇! 도대체 몇 명의 고수와 대결을 해야 하는지라도 알려주면 좋을 텐데."

누리가 한숨을 쉬며 말했다.

그런 누리와는 달리 매직시스는 잔디밭을 사뿐히 밟으며 맑고 상쾌한 날씨를 한껏 음미하고 있었다. 즐거운 표정의 매직시스가 기울어진 탑으로 다가갔다.

"조심해요!"

어느새 달려온 누리가 황급히 매직시스를 밀쳤다. 두 사람은 물에 흥건히 젖은 잔디밭에 나뒹굴었고 주위에는 찢어진 풍선이 보였다.

"무슨 일이에요?"

매직시스가 놀란 눈으로 물었다.

"탑에서 풍선이 떨어졌어요. 하마터면 매직시스의 머리에 정통으로 맞을 뻔 했어요."

누리가 설명했다.

"풍선이라고요? 맙소사! 풍선은 공기저항을 많이 받아서 천천히 떨어지지 않나요? 게다가 가벼운 풍선이라고요."

"그건 풍선에 공기가 채워져 있을 때 애기죠. 하지만 지금처럼 물이 가득 채워져 있을 때는 달라요. 풍선에 물이 2리터 채워지면 물 풍선의 질량은 2kg정도가 돼요. 이렇게 속이 꽉 채워진 풍선은 공기저항을 받지 않고 낙하하면서 점점 빨라져요."

"왜 그렇죠?"

매직시스가 속으로 안도의 숨을 쉬며 물었다.

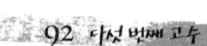

"에너지 보존 법칙 때문이에요. 좀 더 정확하게 말하면 역학적 에너지 보존 법칙이죠. 물체가 어떤 기준 기점 보다 일정 높이 위에 있을 때 물체의 무게와 그 높이를 곱한 값을 물체의 위치 에너지라고 불러요. 그리고 물체의 질량에 속도의 제곱을 곱해 2로 나눈 값을 물체의 운동 에너지라고 부르죠. 그리고 위치 에너지와 운동 에너지를 합쳐 역학적 에너지라고 부르는데 역학적 에너지는 어느 곳에서나 그 값이 같아요."

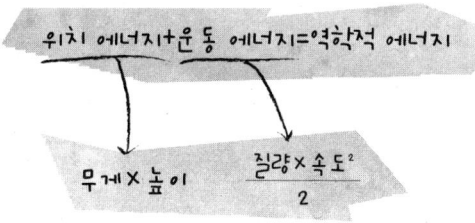

"그것과 빨라지는 것이 무슨 관계가 있지요?"

매직시스가 자신의 머리카락을 잡아당기며 호기심 어린 눈빛으로 누리를 쳐다보았다.

"지금 물 풍선은 탑 위에서 떨어졌어요. 누군가 떨어뜨렸겠죠. 이때 탑 위에서나 탑 아래에서나 역학적 에너지는 같아야 해요. 탑 아래를 높이의 기준으로 잡으면 탑 위 지점의 높이는 탑의 높이가 돼요. 탑 위에서 떨어지는 물 풍선의 처음 속도는 0이겠죠. 그러니까 운동 에너지도 0이에요. 즉, 탑 위에서 물 풍선의 역학적 에너지는 물 풍선의 위치 에너지가 되는 거죠. 이제 탑 아래를 기준으로 해 보죠. 이때는 높이가 0이므로 위치 에너지도 0이에요. 즉, 탑 아래 지점에서의 역학적 에너지는 운동 에너지가 되는 거죠.

이제 두 지점에서의 역학적 에너지는 같다고 했으니 탑 위 지점에서의 위치 에너지는 탑 아래 지점에서의 운동 에너지와 같겠죠. 그러므로 물체를 떨어뜨린 높이와 바닥에서의 속도의 제곱은 서로 비례해요. 그러므로 저 탑처럼 높은 곳에서 떨어진 물체는 아주 빠른 속도를 가지고 바닥으로 내려오게 되지요."

"큰일 날 뻔했군요. 2kg의 물 풍선이 그렇게 빠른 속도로 떨어져서 단단한 내 머리에 부딪치면 엄청난 충격력!"

매직시스는 머리를 감싸 쥐었다. 누리가 아니었다면 물 풍선에 맞아 즉사했을지도 모른다고 생각하니 끔찍해서 이가 다 부르르 떨렸다.

"생명의 은인이군요."

"그런 셈인가요?"

누리는 머리를 긁적이며 부끄러워했다. 그때 갑자기 탑이 우르르 무너지기 시작했다. 누리는 매직시스를 들쳐 업고 허둥지둥 자리를 피했다. 잠시 후, 탑이 무너지면서 쌓인 돌조각들이 갑자기 눈부시게 빛나는 에메랄드로 변하더니 그 안에서 왕관을

오늘 밤 파티를 위해

힘준 메이크업과 헤어

마법의 봉

예쁜 여자의
상징 에네아

쓴 아름다운 여자가 나타났다.

"내 이름은 에네아. 나는 예쁜 여자의 상징이지."

에네아는 오른손에 든 보석이 박힌 봉을 에메랄드 조각을 향해 이리저리 흔들었다. 순간 에메랄드 조각들이 합쳐지더니 방이 만들어졌다. 그 방 안에 있는 모든 것들은 에메랄드로 이루어져 있었다. 그녀는 에메랄드 의자에 앉아 놀란 토끼 눈을 한 두 사람을 즐거운 표정으로 바라보았다. 그리곤 예쁘게 미소를 지으며 말했다.

"내 과제는 비교적 간단해."

에네아의 말에 누리는 한숨을 돌렸다. 매직시스는 에네아의 눈부시게 빛나는 화려한 옷을 부러운 눈으로 바라보고 있었다.

갑자기 에네아가 두 사람에게 에메랄드 조각 하나를 던지며 그것을 마법의 봉으로 가리켰다. 그러자 에메랄드 조각이 점점 노르스름한 색으로 변하더니 먹음직스런 케이크로 변했다.

"그걸 먹는 게 과제야."

에네아가 웃으며 말했다.

"에? 케이크 먹는 게 과제라고?"

누리의 눈이 휘둥그레졌다.

"그냥 먹게 하면 재미없지."

"그럼 어떻게요?"

"무릎을 꿇고 양손을 뒤로 깍지 끼고 입으로 먹는 거야. 두 사람 중 한 사람이라도 성공하면 이긴 걸로 해 주지. 빨리 끝냈으면 좋겠어. 파티에 가야하거든. 남자 마법사들이 나의 등장을 눈 빠지게 기다리고 있을 테니까 말이야."

에네아가 우쭐대며 말했다. 일단 누리는 케이크 앞에 무릎을 꿇고 양손을 뒤로 하여 깍지를 꼈다. 그리고 천천히 허리를 숙여 입에 케이크를 물었다.

이제 일어나기만 하면 케이크 먹기는 성공이었다. 하지만 웬일인지 아무리 힘을 써 봐도 일어날 수가 없었다. 결국 누리는 포기하고 자리에서 일어났다.

"왜 안 되지?"

누리가 케이크를 응시하며 중얼거렸다. 에네아는 에메랄드 의자에 앉아 에메랄드 접시에 담긴 케이크를 우아하게 조금씩 잘라 먹고 있었다. 그때 누리가 갑자기 매직시스의 엉덩이를 뚫어지게 처다보았다.

"그래! 여자의 엉덩이!"

누리가 소리쳤다.

"갑자기 웬 엉덩이요?"

매직시스가 기분 나쁜 표정으로 툴툴댔다. 그러자 누리가 매직시스를 케이크 앞으로 데리고 가더니 귓속말로 속삭였다.

"당신이 하면 될 거예요. 당신은 여자니까요."

"여자는 되고 남자는 안 된다는 건가요?"

매직시스는 어이없다는 표정을 지으며 반문했지만 순순히 누리가 했던 동작을 따라해 보았다. 무릎을 꿇고 손은 뒷짐을 지고 고개를 숙여 입으로 케이크를 물은 후 허리를 젖히자 누리와는 달리 몸이 올라가면서 불편하기는 했지만 케이크를 오물오물 씹어 먹을 수 있었다.

"성공이에요!"

케이크를 다 먹고 자리에서 일어난 매직시스가 활짝 미소를 지으며 누리에게 소리쳤다.

"거 봐요. 여자는 성공한다고 했잖아요."

"이유가 뭐죠?"

매직시스가 호기심 어린 눈빛으로 물었다.

"여자는 남자에 비해 엉덩이가 커서 무게 중심이 엉덩이 쪽에 있어요. 반면 남자는 배꼽 정도 되는 위치에 있지요. 그러니까 아까 그 자세를 할 때 매직시스는 엉덩이 쪽에 무게 중심이 있어 허리를 들어 올릴 수 있었지만 무게 중심이 배꼽 정도에 위치한 나는 앞으로 고꾸라지기만 할 뿐 허리를 펴서 일어날 수는 없었던 거예요."

"이번 과제는 내 엉덩이 덕분이군요."

매직시스는 자신의 엉덩이를 '툭' 치면서 히죽히죽 웃었다. 두 사람이 이야기하는 사이에 에메랄드의 방은 사라졌고 에네아의 모습도 보이지 않았다.

6. 여섯 번째 고수
일렉스Elecs - 전기

"건방진 놈이군, 실험 같은 건 해 본 적도 없으면서 이론적으로만 달달 외우고 있는 놈, 나는 이런 놈들이 제일 싫어, 한 수 가르쳐 주지."

여섯 번째 고수
일렉스Elecs - 전기

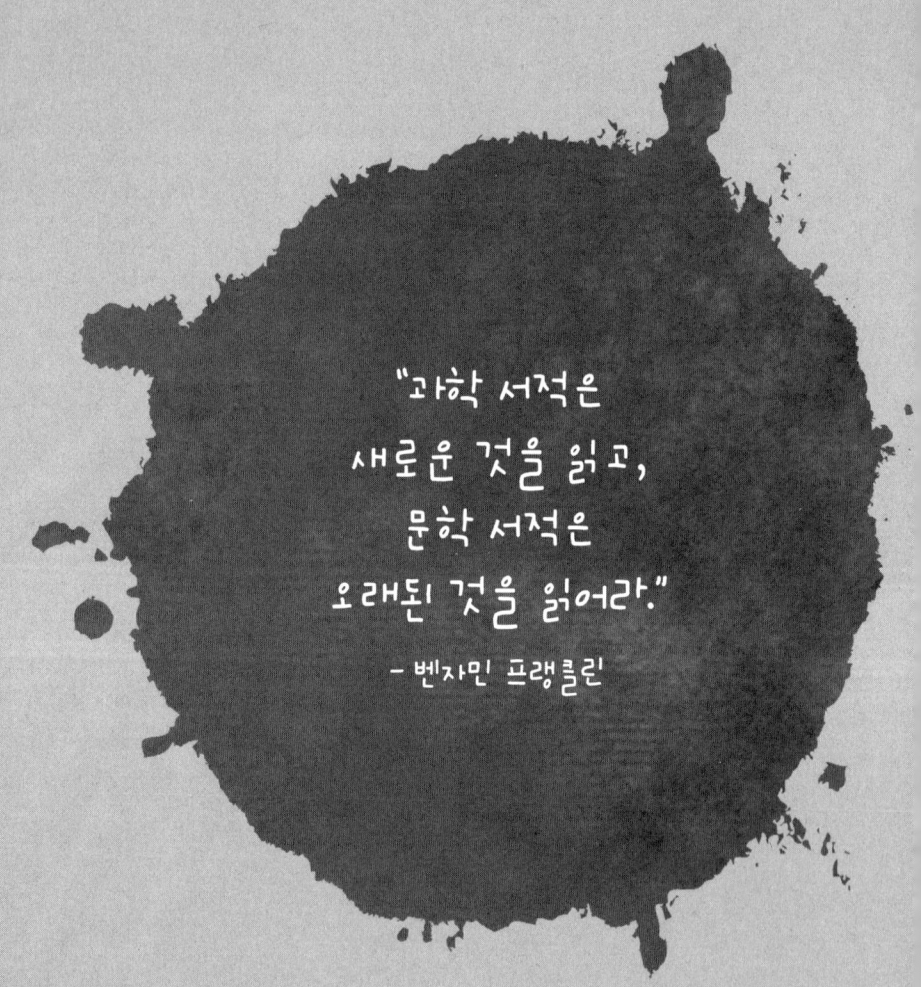

"과학 서적은
새로운 것을 읽고,
문학 서적은
오래된 것을 읽어라."

- 벤자민 프랭클린

이번에 나타난 성 안의 모습은 이전과는 많이 달랐다. 이전에는 성 안이 탁 트인 벌판이거나 중세풍이었지만 이번에는 엄청나게 많은 전선들과 여러 장치들이 보였다. 마치 과학 실험실에 온 듯한 기분이었다. 누리는 새삼 과학의 성이 과거와 현재, 그리고 미래를 초월하는 시간이 흐르는 곳임을 실감했다.

누리는 신기한 것을 처음 보는 어린아이처럼 여러 장치들을 찬찬히 살펴보았다. 거대한 원통형의 장치도 보였고 변압기를 닮은 직육면체 모양의 쇠로 된 통도 보였다. 그리고 대부분의 장치에는 전선이 복잡하게 연결되어 있었다.

그때 어디선가 갑자기 몸통은 로봇이고 얼굴은 사람인 괴상한 모습의 사내가 나타났다. 그 사람은 처음 걸음마를 배우는 이족 보행 로봇처럼 어기적거리며 두 사람에게 걸어왔다.

"반가워. 나는 반인반로 일렉스야."

사내가, 아니 로봇이, 아니 일렉스가 누리에게 악수를 청했다. 일렉스의 손은 쇳덩어리로 만들어져 있었다. 누리는 썩 내키지는 않았지만 일렉스의 친절을 거절할 이유는 없겠다는 생각에 조심스럽게 오른손을 내밀었다. 그런데 누리의 손이 일렉스의 손에 닿는 순간 누리는 '으악' 하고 비명을 질렀다.

"무슨 일이에요?"

매직시스가 깜짝 놀라며 걱정스런 눈빛으로 물었다.

똑**똑**한 척 하는 꼴을 못 봄.

페렉스라는 이름의 **쌍둥**이 동생이 있다.

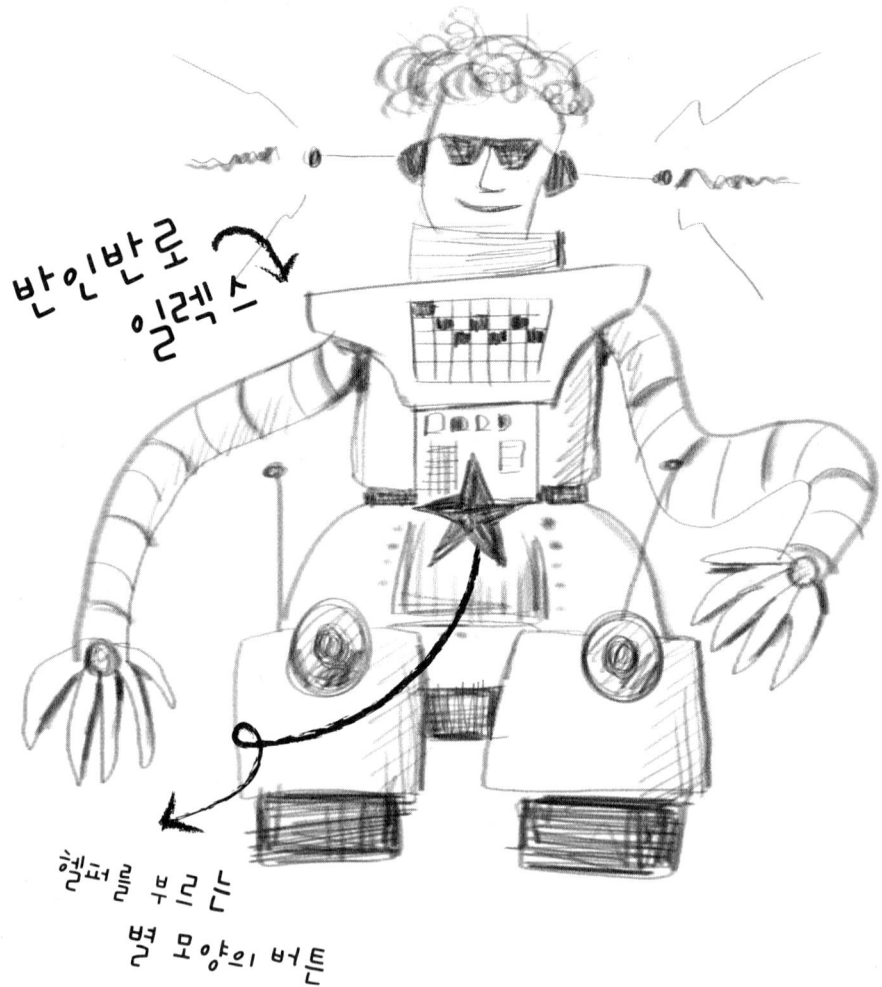

반인반로
알렉스

헬퍼를 부르는
별 모양의 버튼

"전기가……."

누리는 얼얼해진 오른손을 왼손으로 부여잡고 고통스러워했다.

"히히, 찌릿하지? 내 몸에는 전기가 흐르지. 그리 센 건 아니니까 곧 괜찮아질 거야."

일렉스는 아무 일도 아닌 듯 깐죽거리며 말했다.

"쳇! 사람 몸에 갑자기 전류가 흐르면 얼마나 위험한대……."

누리가 입을 삐죽 내밀고 일렉스를 쏘아보며 말했다.

"제법이군. 전류라는 단어도 알고. 전류와 정전기의 차이는 알아?"

일렉스가 물었다.

"전류는 음의 전기를 띤 전자가 흐르는 것을 말해요. 서로 다른 물체를 마찰시키면 한 물체에서 다른 물체로 전자가 이동해 머물게 되면서 전자를 잃어버린 물체는 양의 전기를 띠고 전자를 얻은 물체는 음의 전기를 띠는데 이렇게 만들어진 전기를 정전기라고 하지요. 즉 정전기는 정지해 있는 전기, 전류는 흐르는 전기라고 생각하면 돼요."

누리가 손을 어루만지며 대답했다. 아직도 손의 통증은 완전히 가시지 않았지만 큰 부상을 입은 정도는 아니었다.

"똑똑한 척하는 친구군."

일렉스가 퉁명스럽게 내뱉었다.

"과학 천재라고 해 두죠."

누리 역시 비아냥거리듯 말했다.

"건방진 놈이군. 실험 같은 건 해 본 적도 없으면서 이론적으로만 달달 외우고 있는 놈. 나는 이런 놈들이 제일 싫어. 한 수 가르쳐 주지."

일렉스가 화난 표정으로 말하며 몸에 붙어있는 몇 개의 버튼을 누르자 천장에 도르래가 설치되면서 줄이 내려왔다. 줄의 한쪽 끝은 일렉스의 손에 쥐어 있었고 다른 한쪽 끝은 바닥까지 내려와 있었다.

"뭐하는 거죠?"

누리가 자신의 발끝에 놓인 줄을 내려다보며 일렉스에게 물었다.

"첨단 과학 실험을 할 거야."

일렉스는 이렇게 말하며 배꼽에 붙어 있는 별무늬 버튼을 눌렀다. 그러자 어디선가 나타난 날개 달린 조그만 요정이 그의 어깨 위에 날아와 앉았다.

헬퍼

"정신이 없군! 첨단 로봇에 요정이라니."

누리는 어이없다는 표정으로 고개를 절레절레 저었다.

"헬퍼 요정이야. 작지만 마법 기능은 훌륭하지. 내 실험에 필요한 모든 재료를 만들어 주거든. 헬퍼! 저 잘난 척하는 녀석에게 털옷을 입혀라."

일렉스의 말이 끝나기 무섭게 헬퍼는 누리에게 날아와 누리의 몸 주위를 몇 바퀴 돌았다. 그러자 어느 틈에 누리에게 긴 털옷이 입혀졌다. 매직시스는 어리둥절한 표정으로 누리를 바라보았다. 누리도 어처구니없어 하는 표정이었다.

"헬퍼, 전기를 공급해야지."

일렉스가 다정스럽게 헬퍼에게 말했다. 헬퍼는 고개를 끄덕이더니 마법으로 커다란 고무공을 만들어 냈다. 고무공은 무시무시한 속도로 회전하면서 누리가 입고 있는 털옷에 마찰을 일으켰다. 마치 나무를 깎는 전기톱처럼 누리는 간지러워서 견딜 수가 없었다. 그리고 한참 후, 누리는 줄에 매달려 도르래에 연결되었다.

"후후, 나의 청소기가 만들어졌군. 헬퍼, 방이 너무 깨끗해. 먼지를 좀 민들어 주렴."

일렉스가 교활한 웃음을 지으며 말했다.

헬퍼는 다시 고개를 끄덕이더니 마법으로 먼지바람을 일으켰다. 바람이 사라진 후 깨끗했던 성 안 곳곳에 먼지가 수북이 쌓였다.

"이제 청소 좀 해볼까?"

일렉스가 오른손으로 줄을 당겼다. 그러자 누리의 몸이 공중으로 떠올랐다. 일렉스는 도르래를 이동시키면서 누리를 먼지가 수북이 쌓인 곳의 바로 위에 오도록 했다. 그리고 천천히 줄을 풀자 누리가 먼지에 가까워졌고, 순간 먼지들이 누리를 향해 날아오르더니 누리의 옷 여기저기에 달라붙기 시작했다.

"먼지 소년이군."

일렉스가 깐죽거리며 말했다. 누리는 옷에 붙어있는 먼지들을 떼어 내려 했지만 잘 떨어지지 않았다.

"털옷을 입히고 고무공으로 문지르면 털옷은 양의 전기를 띠게 되지. 그래서 먼지들이 내 옷에 달라붙은 거야. 정전기를 이용해서 이런 모욕을 주다니."

누리는 화가 나서 이를 바드득 갈았다.

잠시 후 헬퍼의 마법으로 누리는 털옷을 벗고 먼지 소년에서 원래의 모습으로 돌아왔지만 매직시스 앞에서 당한 굴욕은 참을 수 없었다. 우두둑 소리를 내며 손가락을 꺾던 누리는 원망의 눈초리로 일렉스를 노려보았다. 하지만 일렉스는 애써 누리와 시선을 마주치지 않고 수고했다며 헬퍼를 어루만져 주고 있었다. 그리고 잠시 후 일렉스가 누리를 향해 소리쳤다.

"좋아. 이제 과제를 해결해봐."

"못 맞히면 어떤 벌칙이 있죠? 설마 우리가 줄어들어 전선 속에서 흘러 다닌다거나 하는 건 아니겠죠?"

누리가 심각한 표정으로 물었다.

"오호! 그거 좋은 벌칙인데. 헬퍼! 쟤들을 전선 속에 들어갈 만큼 축소시킬 수 있니?"

일렉스가 헬퍼를 쳐다보며 물었다. 헬퍼는 조그만 머리를 좌우로 흔들었다. 불가능하다는 뜻이었다. 누리는 아무 생각 없이 내뱉은 말에 가슴이 철렁 내려앉았으나 헬퍼가 불가능하다는 신호를 보내자 그제야 '휴' 하고 안도의 한숨을 쉬었다.

그런데 아쉽다는 듯한 표정을 짓던 일렉스가 헬퍼에게 귓속말로 무언가를 중얼거렸다. 그러자 두 사람 앞에 다음과 같은 도선

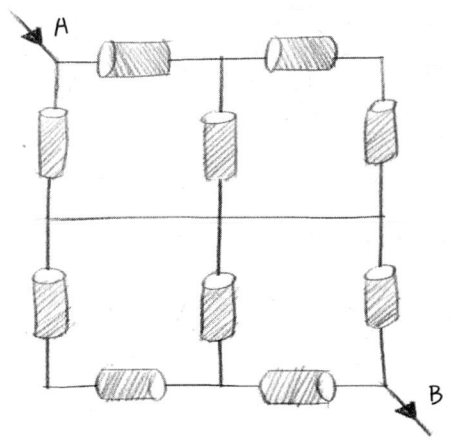

이 나타났다. 조그만 원통 모양의 부품에 4개의 작은 정사각형이 붙어 있는 도선이었다.

"저 원통 모양의 물건은 뭐죠?"

매직시스가 누리에게 물었다.

"저항이에요. 전류의 흐름을 방해하는 부품이죠."

누리는 간단히 설명하고는 원통 모양의 저항에 가까이 다가섰다.

"잘 알고 있군. 이제 A에서 B로 전류가 흐르게 할 거야. 내가 스위치를 올리기만 하면 되거든. 각 저항은 1옴(Ω)이야. 설마 '옴'이 뭔지 모르는 건 아니겠지?"

일렉스가 비아냥거리는 투로 말했다.

"그걸 왜 몰라요. 저항의 단위에요. 전압과 저항 그리고 전류 사이에는 전압=전류×저항이라는 관계가 성립해요. 이걸 발견자의 이름을 따서 옴의 법칙이라고 하지요. 1V의 전압이 걸려 있고 저항이 1옴이면 저항에 흐르는 전류는 1A가 돼요."

"그렇지. 전압과 전류는 비례관계이고 전류와 저항은 반비례 관계야. 즉, 저항이 일정할 때는 전압이 커지면 전류가 세게 흐르고, 전압이 일정하면 저항이 클수록 전류는 약하게 흐르지. 과제를 내기 전에 먼저 너희들이 졌을 때의 벌칙을 말해 주지. 너희가 과제를 해결하지 못 하면 너희들은 도선을 통해 전원에 연결될 거야. 내가 스위치를 올리면 큰 전압이 도선에 흐르겠지?
그렇게 되면……."

일렉스는 음흉한 미소를 지으며 두 사람을 번갈아 보았다. 누
리는 센 전류가 사람의 몸을 통해 흐르면 벼락에 맞은 것처럼 사
람이 타 죽는다는 것을 알고 있었기에 온몸에 소름이 돋았다. 일
렉스는 아랑곳 하지 않고 천천히 입을 열었다.

"과제는 간단해. A와 B 사이에 있는 12개의 저항을 하나의 저
항으로 바꾸는 거야. 단, 같은 전압 하에서 A에서 B로 흐르는 전
류는 달라지지 않아야 해. 네가 답이라고 생각하는 저항을 오른
쪽 박스 안에서 골라서 A, B 사이에 연결해라. 만일 같은 전류가
흐르지 않는다면 네가 지게 되는 거지."

일렉스가 굵은 목소리로 말했다.

"매직시스, 칠판을 부탁해요."

누리가 자신 있는 표정으로 매직시스에게 말했다. 매직시스는
주문을 외워 조그만 칠판과 분필을 나타나게 했다.

"차근차근 풀면 될 거예요."

누리가 칠판에 무언가를
쓰기 시작했다.

"전압이 3V이고 1Ω, 2Ω
짜리 저항이 직렬로 연결

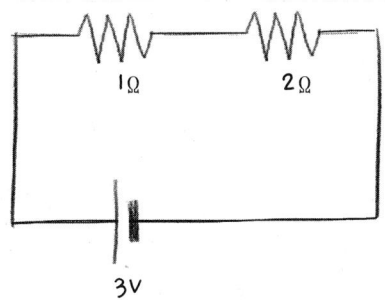

되어 있는 경우예요. 직렬연결 되어 있으니까 두 저항에 흐르는 전류는 같겠죠. 그 전류를 'I'라고 해 보죠. 그럼 1Ω짜리 저항에서 소비되는 전압은 옴의 법칙에 따라 I×1이 되고 2Ω짜리 저항에서 소비되는 전압은 I×2가 되겠죠. 즉, 두 저항에서 소비되는 전압의 총합이 I×1 + I×2가 되고 회로에 공급된 전압이 3V이니까 3=I×1 + I×2가 되어 I=1A가 되죠. 그렇다면 위의 두 저항을 하나의 저항으로 바꿔 같은 결과가 나오게 한다고 하고 그때 저항의 값을 'R'이라고 해 보죠.

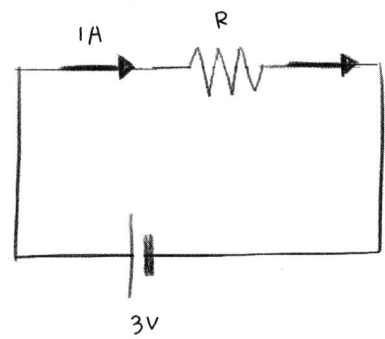

그럼 3=I×R이니까 R=3Ω이 돼요. 즉, 두 개의 저항이 직렬로 연결되어 있을 때는 그 두 저항의 값을 합친 값을 갖는 하나의 저항으로 대치할 수 있어요."

누리가 그동안 썼던 내용을 지우개로 쓱쓱 지우며 말했다.

"그럼 이번 경우를 보죠.

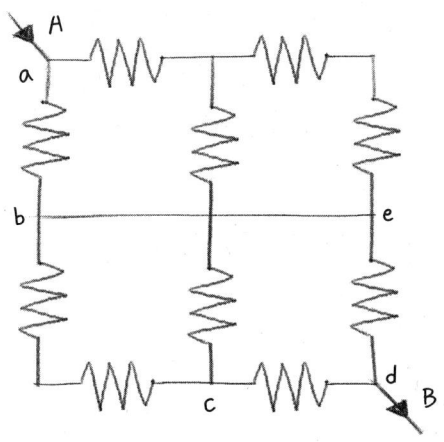

A와 B 사이에 공급된 전압을 'V'라고 하고 a로 흘러 들어간 전류를 'I'라고 해 봐요. 이때 a에서 b, c를 거쳐 d를 통해 빠져 나가는 경우를 생각해 보죠. 지금 모든 저항은 똑같이 1Ω이에요. a로 흘러들어간 전류 'I'는 오른쪽과 아래로 나누어져요. 이때 두 저항이 같을 때는 전류가 반씩 나뉘어 흘러 들어가죠.

그러므로 a에서 b로 흐르는 전류는 $\frac{I}{2}$가 돼요. 이제 b점에서 $\frac{I}{2}$의 전류의 절반은 오른쪽으로, 나머지 절반은 아래로 흐르므로 b에서 c로 흐르는 전류는 $\frac{I}{4}$가 되겠죠. 다음, c에서 d로 흐르는 전류와 e에서

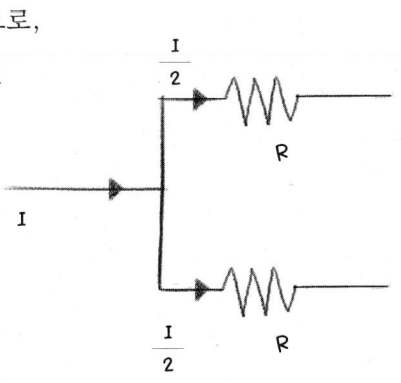

d 로 흐르는 전류가 합쳐져 전류 'I'가 되어 d를 빠져나가므로 c에서 d 로 흐르는 전류는 $\frac{I}{2}$ 가 되지요."

누리는 이렇게 말하면서 칠판에 다음과 같이 썼다.

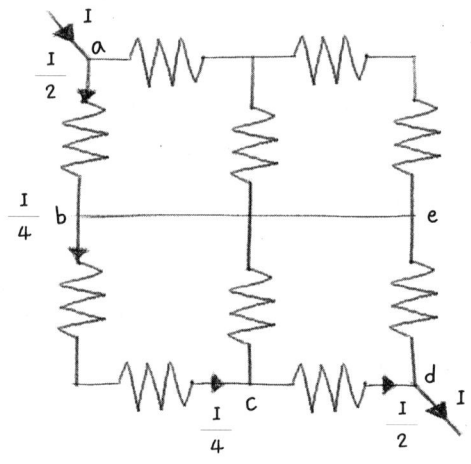

"그럼 a에서 b 사이에 소비된 전압은 $\frac{I}{2}$ × l, b에서 c사이에 소비된 전압은 $\frac{I}{4}$ × l + $\frac{I}{4}$ × l, c에서 d사이에 소비된 전압은 $\frac{I}{2}$ × l이 돼요. 즉, a로 흘러들어가 b로 빠져나갈 때 총 소비전압은 $\frac{I}{2}$ + $\frac{I}{2}$ + $\frac{I}{2}$ = $\frac{3}{2}$ I가 되겠죠. 이것이 공급된 전압 'V'와 같으므로 V = $\frac{3}{2}$ I 가 되지요. 이것과 옴의 법칙 V=I× R을 비교하면 이 회로

를 하나의 저항으로 바꿀 때 그 저항 값 R은 $\frac{3}{2}$, 즉 1.5 Ω이 되어야 한다는 걸 뜻해요."

누리는 설명을 끝내고 조용히 저항이 들어 있는 통으로 가서 1.5 Ω이라고 쓰인 원통 모양의 저항을 들고 왔다. 그리고 A, B사이의 회로를 잘라내고 그 자리에 손에 든 1.5 Ω의 저항을 연결했다.

'짝짝 짝'

박수소리가 들렸다. 일렉스가 빙긋 웃으며 박수를 치고 있었다.

"누리 군, 내가 졌어. 과제는 성공이야."

일렉스는 이렇게 말하고는 순식간에 헬퍼와 함께 사라졌다.

페렉스Pelecs - 전자기 운동

"바보야! 내 심장은 로봇 상태인 몸체에 있어. 전원이 10분 이상 끊기면 심장이 멈추고 그러면 인공심장에서 내 뇌로 흐르는 혈액의 공급이 중단되어 나는 죽게 된단 말이야."

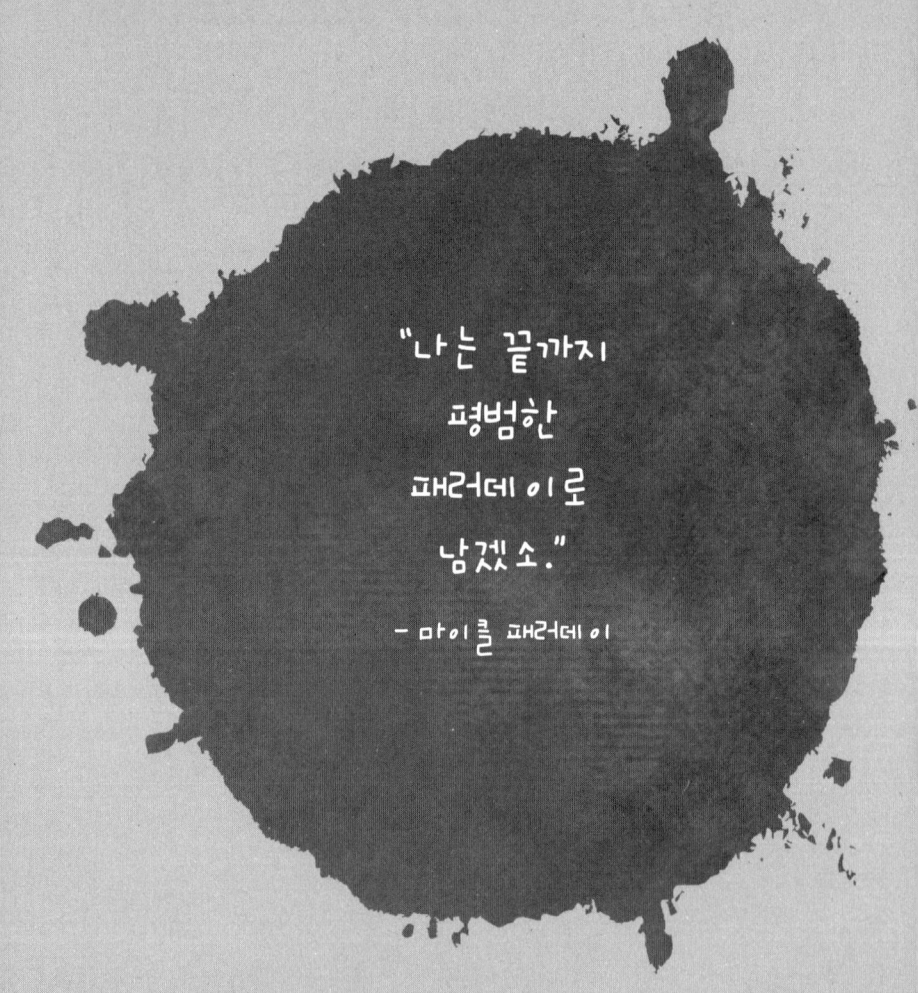

일곱 번째 고수

페렉스Pelecs - 전자기 운동

"나는 끝까지
평범한
패러데이로
남겠소."

- 마이클 패러데이

두 사람이 다시 들어간 성은 조금 전에 일렉스를 만났던 곳과 비슷했다. 여기저기 전기 제품들과 전선들이 휘감긴 구조며 실험 테이블처럼 보이는 탁자 위에 드라이버, 펜치와 같은 공구들이 놓여 있는 등 거의 비슷한 모습이었다.

"어머, 어떻게 된 거죠? 같은 곳으로 왔어요. 한 번도 이런 적이 없었잖아요?"

매직시스가 주위를 두리번거리며 말했다. 누리도 아무런 대꾸 없이 주위를 살폈다. 좀 전과 같은 곳인지 아닌지를 정확하게 확인하기 위해서였다. 그리고 누리는 이곳이 좀 전에 머물던 곳과는 조금 다른 구조라는 것을 금방 눈치 챘다.

"이 방은 다른 방이에요."

누리가 단호하게 말했다.

"똑같아 보이는데……"

매직시스는 다시 한 번 주위를 둘러보았다. 그리고 다른 점을 발견하지 못한 듯 고개를 갸웃거렸다.

"천장을 봐요."

누리의 말에 매직시스는 고개를 들어 올렸다.

"조금 전에는 천장에 전선들이 얽혀져 있었어요. 하지만 이번에는 깨끗해요."

누리의 말처럼 어두침침한 천장에는 아무것도 붙어있지 않았다. 방의 양쪽에 서 있는 스탠드에서 나온 빛이 반사되는 것으로 보아 천장은 금속으로 되어있는 듯 했다.

"금속 천장?"

누리는 고개를 갸웃거렸다.

그런데 잠시 후, 어디선가 일렉스와 똑같이 생긴 사람이, 아니 로봇이, 아니…… 어쨌든 두 사람 앞에 나타났다. 그는 손에 두 개의 헬멧을 들고 있었다. 일렉스처럼 그의 몸통은 로봇이었고 여러 개의 버튼이 몸통 여기저기에 부착되어 있었다.

"일렉스?"

누리가 물었다.

"일렉스는 나의 형이야. 내 이름은 페렉스. 우리는 일란성 쌍둥이야."

페렉스는 이렇게 말하고는 두 사람에게 헬멧을 건네 주었다.

"이게 뭐죠?"

누리가 헬멧을 찬찬히 살펴보며 페렉스에게 물었다.

"재미있는 실험을 구경하려면 헬멧을 써야 해."

페렉스가 다정한 목소리로 말했다. 그 목소리를 의심하지 않은 누리와 매직시스는 그가 시키는 대로 헬멧을 머리에 쓰고 턱 밑으로 밴드를 채웠다. 헬멧은 철로 만들어져 있어 비교적 무거 웠지만 그럭저럭 견딜 만한 정도였다.

심보가 못된
일렉스의 동생 페렉스

일렉스와
같은 곳에서 구입한
선글라스

　"히히, 됐다."

　그런데 갑자기 페렉스가 교활한 웃음을 지으며 자신의 배에 붙어 있는 노란색 버튼을 눌렀다.

'위-잉'

　뭔가 기분 나쁜 전자음이 들리더니 별안간 누리와 매직시스가 무서운 속력으로 천장을 향해 날아오르기 시작했다.

　"으악!"

　매직시스가 비명을 지르는 사이에 이미 두 사람은 천장에 철

거덕 달라붙어 있었다. 먼발치에 페렉스가 보였다.

"어떻게 된 거죠?"

매직시스가 금방이라도 울음을 터트릴 듯한 표정으로 물었다.

"히히, 천장은 전자석이야. 즉 전류가 흐를 때만 자석이 되지. 너희들이 쓴 헬멧은 자석에 잘 달라붙는 철로 만들어져 있어. 내가 버튼을 누르면 자동으로 컨트롤 시스템이 작동해 천장에 전류가 흐르게 되어 있지. 즉 천장이 전자석이 되는 거야. 이때 전류를 세게 흘려보내면 전자석의 세기가 강해지지. 그래서 헬멧을 쓴 너희들을 잡아 당겨 천장에 달라붙게 한 거야."

"우릴 내려 줘요."

매직시스가 애원했다.

"음, 소원이라면."

페렉스는 고개를 끄덕이고는 노란 버튼 옆에 붙어있는 파란 버튼을 눌렀다. 그리고 두 사람의 자유 낙하가 시작되었다.

'쿵!'

엄청난 소리와 함께 두 사람은 동시에 바닥에 떨어져 뒹굴었다.

"아야! 이게 뭐하는 짓이에요?"

매직시스가 울음을 참으며 페렉스를 쏘아 보았다.

"고분고분해야지. 안 그러면 노란 버튼과 파란 버튼을 번갈아

누를 거야. 그럼 너희들은 천장에 붙었다 바닥에 떨어졌다를 반복하겠지. 히히, 고거 재밌겠는걸……."

페렉스가 이렇게 말하고는 손가락을 노란 버튼에 대려고 하자 매직시스가 소리쳤다.

"잘못했어요. 제가 잠시 화가 나서……."

매직시스의 말에 페렉스는 버튼을 누르려다 멈추었다. 그리곤 이를 하얗게 드러내며 교활한 미소를 지었다.

"진작 그랬어야지. 나는 못된 말을 하는 사람을 좋아하지 않아. 오늘도 나의 예절교육이 성공했군."

페렉스의 비열한 행동에 매직시스는 온몸에 소름이 돋는 것 같았다.

'삐이-삐이,'

그때 어디선가 경고음 같은 규칙적인 소리가 들렸다. 누리와 매직시스는 소리가 나는 쪽으로 고개를 돌렸다.

"이런, 충전할 시간이잖아."

페렉스가 당황한 표정으로 말했다. 그러고 보니 조금 전부터 페렉스의 오른쪽 가슴에 있는 정사각형 모양의 액정이 붉은 빛을 내며 깜빡거리고 있었다. 페렉스는 전지가 떨어져 몸을 제대로 움직일 수 없는 상황이 오기 전에 서둘러 충전대로 뛰어갔다.

충전대는 한쪽 벽에 있었는데 마치 키를 잴 때 쓰는 장치처럼 페렉스가 들어가면 머리가 딱 닿을 크기였다. 페렉스는 목 아래가 전기에 의해 제어되는 합성 인간인 탓에 전기가 끊기면 옴짝달싹 못하고 그 자리에 얼음처럼 굳어 있어야 했다.

"힝- 서둘러야 해."

페렉스는 로봇 발을 앞뒤로 흔들며 충전대로 갔다. 그러나 전원이 끊기려는지 그 속도는 아주 느려 10m도 채 안 되는 거리가 그에게는 수 킬로미터인 것처럼 느껴졌다. 급기야 페렉스의 발이 점점 느려지더니 충전대를 1m 정도 앞두고 멈춰서고 말았다.

"조금만 더."

페렉스가 얼굴과 따로 노는 발을 쳐다보며 소리쳐 보았지만 전기가 끊어진 발은 전혀 움직일 생각을 하지 않았다.

"도와줘. 난 전기가 없으면 큰일 나!"

페렉스가 울먹거리며 누리와 매직시스에게 애원했다.

"그냥 그곳에서 자면 되잖아요? 걷지만 못할 뿐이지 머리는 움직이니까요."

누리가 건성으로 말했다.

"바보야! 내 심장은 로봇 상태인 몸체에 있어. 전원이 10분 이상 끊기면 심장이 멈추고 그러면 인공심장에서 내 뇌로 흐르는 혈액의 공급이 중단되어 나는 죽게 된단 말이야."

페렉스가 눈을 희번덕거리며 말했다. 그러나 현재 상황이 자신에게 불리함을 깨닫자 페렉스의 말투는 금세 상냥하게 변했다.

"제발 부탁이야. 나를 충전대까지 데려다 줘. 그러면 과제를 통과한 걸로 해 줄게."

"좋아요. 그런 조건이라면."

누리가 매직시스를 바라보며 눈을 찡긋했다. 그리고 두 사람은 페렉스에게 달려가 그를 충전대로 옮기기 위해 힘을 써보았다. 하지만 페렉스의 몸체가 너무 무거워 꼼짝도 하지 않았다.

"안 되겠어요."

누리가 한 손으로 땀을 닦아 내며 말했다.

"어떻게든 좀 해 봐"

페렉스가 애원조로 말했다.

"혹시, 전기를 만들 수 있는 장치는 없어요? 이를테면 전압이 큰 전지나 발전기 말이에요."

누리가 포기한 듯 페렉스의 몸통에서 손을 떼며 물었다.

"하아…… 그런 건 없어. 얼마 전까지 발전기가 한 대 있었는데 일렉스 형의 전동기와 바꾸었어. 하아……."

페렉스가 숨이 가쁜지 힘들어하며 말했다. 페렉스의 얼굴이 점점 노랗게 변해 갔다. 핏기가 없는 사람의 얼굴 모습이었다.

"어떻게 좀 해 봐요. 불쌍해요."

매직시스가 울먹거렸다.

누리는 주위를 살펴보았다. 페렉스가 말한대로 일렉스와 맞바꾸었다던 전동기가 보였다. 전동기의 앞에는 프로펠러가 달려 있고 뒤쪽에 있는 두 단자에는 전선이 연결되어 있었다. 누리는 전동기에 다가가서 스위치를 올렸다. 그러자 '위잉' 소리를 내며 프로펠러가 빠르게 회전하기 시작했다.

"뭐하는 거야? 날 구하지 않고!"

페렉스가 툴툴거리면서 말했다. 매우 성난 모습이었지만 힘이 없어서인지 지쳐 보이는 얼굴이었다.

"전동기! 바로 그거야."

누리가 무릎을 탁 치며 전동기를 페렉스 쪽으로 가지고 갔다. 페렉스의 전원 연결 장치는 등쪽에 있었다. 등 중앙에 있는 직사각형의 뚜껑을 벗기자 두 개의 단자가 나타났다. 왼쪽 단자 밑에는 '+', 오른쪽 단자 밑에는 '-' 라고 써 있었다.

"여기에 연결하면 될 거야."

누리가 중얼거리며 전동기에 연결되어 있는 두 도선을 페렉스의 등에 있는 두 단자에 연결했다.

"전동기로 뭘 하는 거죠?"

매직시스가 눈을 동그랗게 뜨며 물었다.

"전기를 만드는 거예요. 잘 봐요."

누리는 이렇게 말하고는 프로펠러를 힘차게 돌리기 시작했다. 땀이 비 오듯 쏟아졌지만 누리는 프로펠러를 잡은 손을 놓지 않고 온 힘을 다해 다시 회전시키고 또 회전시켰다.

순간 페렉스의 오른쪽 가슴에 있는 조그만 정사각형 모양의 액정이 초록색으로 변하더니 페렉스의 손이 천천히 움직이기 시작했다.

"손이 움직여!"

페렉스가 탄성을 질렀다. 그리고 조심스럽게 발을 움직여 보

았다. 한 걸음, 두 걸음. 매직시스는 놀란 눈으로 페렉스의 발을 응시했다. 페렉스는 더욱 놀란 표정이었다. 페렉스가 천천히 충전대로 걸어가 등을 충전대에 붙였다.

"휴, 이제 끝났군."

누리가 힘없는 목소리로 말하고는 그 자리에 벌러덩 누웠다. 프로펠러를 돌리느라 온 힘을 다 쏟았던 것이다. 잠시 후 급속 충전이 끝나 표정이 밝아진 페렉스가 흰 이를 드러내고 웃으며 두 사람에게 다가왔다.

"고마워. 너흰 내 생명의 은인이야."

페렉스는 진정으로 고마워하는 듯 했다. 그리곤 뭔가 이상하다는 듯 고개를 갸웃거리더니 누리에게 물었다.

"전동기로 어떻게 전기를 만든 거지? 전동기는 전류를 흘려주면 빙글빙글 도는 거 아닌가? 그것과 발전기는 아무 상관이 없을 텐데……."

"전자기 유도 현상 때문이에요."

누리가 몸을 일으켜 세우며 말했다.

"자석 근처에 전류가 흐르는 직사각형 모양의 도선을 놓으면 도선이 힘을 받아요. 이 힘을 전자기력이라고 부르죠. 전동기는 바로 그런 원리를 이용한 거예요. 전동기 안에는 고정된 자석이 있고 그 사이에 회전할 수 있는 도선이 있지요. 이 도선에 전류를 흘려 보내주면 도선이 자석 사이에서 전자기력을 받아 빙글 빙글 도는 거죠."

"그건 나도 알아. 하지만 어떻게 전동기로 전류를 만든 거지?"

페렉스가 눈을 깜빡거렸다.

"전동기와 발전기는 구조가 같아요. 전동기 안에 있는 직사각형의 도선을 당신의 몸체와 연결시킨 다음 프로펠러를 돌려 도선이 자석 사이에서 회전하게 하면 거꾸로 도선에 전류가 흐르죠."

"무슨 원리지?"

"패러데이 법칙이에요. 직사각형의 도선이 자석 사이에서 회전하게 되면 도선 안으로 흘러 들어가는 자기장의 세기가 달라져요. 도선이 자석과 수직으로 놓여있을 때 자기장의 세기가 제일 세지고, 자석과 나란하게 놓여 있을 때 제일 약해지죠. 이렇게 직사각형의 도선을 자석 사이에서 계속 회전시키면 도선 안에 흐르는 자기장의 세기가 변해요. 패러데이라는 물리학자는 폐곡선 모양의 도선으로 흘러들어가는 자기장의 세기가 변하면 도선에 전류가 흐른다는 것을 알아냈는데 이것을 패러데이 법칙 또는 전자기 유도 현상이라고 해요. 물론 이때 도선이 빠르게 회전할수록 도선에 흐르는 전류도 세지죠. 그래서 죽을힘을 다해 프로펠러를 돌린 거예요."

페렉스는 누리의 말에 눈물을 찔끔 흘렸다. 완전한 사람도 아닌 자신을 살리기 위해 고생한 누리에게 진심으로 고마웠기 때문이었다. 이렇게 하여 누리는 페렉스와의 게임도 이기고 새로운 과학 고수를 맞이할 수 있게 되었다.

8. 여덟 번째 고수
옵티마Optima ─ 빛

"리모컨에서는 빛이 나와. 그 빛이 텔레비전에 있는 센서를 건드려 텔레비전이 켜지는 거지. 그런데 이 빛은 왜 안 보이는 거지?"

옵티마Optima ─ 빛

빛은
진동하는 매질이 없이
에너지를 전달하는
유일한 파동이다.
빛은
우주 공간에
가득 채워져 있다.
거울과 렌즈를 통해
빛의 오묘한 성질이 나타난다.

이번에 두 사람이 들어간 성의 내부는 파도가 출렁대는 한적한 바닷가였다. 바닷물은 너무 맑아 눈으로 물속의 깊이를 잴 수 있을 정도였고, 작은 모래사장에는 서너 명이 앉을 수 있는 비치파라솔이 있었다. 분명 해수욕장처럼 보이는데 두 사람을 제외하고는 아무도 눈에 띠지 않았다.

"하아- 바다를 보니까 기분이 너무 좋아요."

매직시스가 푸른 바다의 끝에 시선을 맞추고는 반달눈이 되어 중얼거렸다.

'쟤는 천진난만한 거야, 아니면 생각이 조금⋯⋯.'

누리가 떨떠름한 표정으로 매직시스를 바라보고 있을 때였다. 갑자기 등 뒤에서 바스락거리는 소리가 들려 두 사람은 동시에 고개를 돌렸다. 흰 드레스에 커다란 다이아몬드가 박힌 목걸이를 걸치고 한 손에는 거울을 든 금발의 미녀가 두 사람 앞으로 성큼성큼 걸어오고 있었다.

"누구세요?"

누리가 긴장된 목소리로 물었다.

"반가워. 나는 빛의 고수인 옵티마야. 빛에 대해서라면 최고의 수준을 자랑하지."

옵티마가 우쭐대며 말했다. 그러다 갑자기 태양을 향해 들고 있던 거울을 비스듬히 기울였다.

빛의 고수 옵티마.
요즘 다이어트 중이라 늘 배고프다.

마법의 거울

"으악!"

누리와 매직시스가 눈을 감고 동시에 비명을 질렀다. 옵티마가 태양빛을 거울로 반사시켜 두 사람의 눈으로 빛을 쏘았기 때문이었다.

"히히히, 이 놀이는 할 때마다 너무 재밌어."

옵티마가 조그만 천을 꺼내 거울을 덮으며 말했다. 두 사람은 그제야 얼얼해진 눈을 뜰 수 있었다.

"갑자기 빛을 쏘면 어떡해요. 검은 눈동자가 빛에 타버리면 장님이 될 수도 있단 말이에요!"

누리가 따지듯 물었다.

"그건 너희들 사정이고. 히히히."

옵티마는 모래사장에 뾰족한 구두 자국을 남기며 천천히 파라솔 의자에 앉았다.

"너희도 여기 앉아."

누리와 매직시스는 햇볕을 피하기 위해 옵티마가 시키는 내로 그녀의 맞은편에 앉았다. 옵티마는 립스틱을 꺼내 거울에 주스 모양의 그림을 그리고 그 옆에 'X3'이라고 썼다. 그러자 오렌지 주스 세 잔이 테이블 위에 나타났다. 그녀가 주스를 권하자 마침 갈증이 났던 누리는 주스를 벌컥 마셨다. 처음 느껴보는 맛이었다. 시큼하기도 하고 달콤하기도 하면서 끝에는 약간 씁쓰름한 맛이 나기도 했다. 누리는 끝 맛이 별로 좋지 않아 다 마시지 않고 남은 주스를 테이블 위에 놓았다. 그리고 옵티마와 누리 사이에 빛에 대한 토론이 시작되었다.

"빛이 뭐지?"

옵티마가 동그랗게 오므린 입술 위에 립스틱을 바르며 물었다.

"빛은 전자기파라는 파동이에요. 파동이란 한 지점에서 일어난 진동이 매질을 통해 옆으로 퍼지는 현상이죠. 물에 돌을 던질 때 생기는 물결파는 매질인 물의 진동이 퍼지는 현상이고 소리는 공기의 진동이 옆으로 퍼지는 현상이죠."

누리가 주저 없이 대답했다.

"빛의 매질은 뭐지?"

"빛은 예외적으로 매질이 없는 파동이에요."

옵티마는 대꾸 없이 입 꼬리를 올리고 조용히 웃으며 거울에 텔레비전과 리모컨을 그린 후 거울을 흔들었다. 그러자 테이블 위에 소형 텔레비전과 작은 리모컨이 나타났다. 옵티마는 리모컨의 시작 버튼을 눌렀다. 그러자 텔레비전이 켜지고

화면 속에 옵티마의 모습이 나타났다. 그녀가 거울을 손에 들고 이상한 얼굴을 한 사람들 사이를 걸어가는 장면이었다. 아마도 과학의 성에서 방송되는 뉴스로 과학 고수들의 근황을 소개하는 영상 같아 보였다. 그녀는 누리를 다시 바라보더니 부드러운 목소리로 물었다.

"리모컨에서는 빛이 나와. 그 빛이 텔레비전에 있는 센서를 건드려 텔레비전이 켜지는 거지. 그런데 이 빛은 왜 안 보이는 거지?"

"눈에 보이지 않는 빛도 있으니까요. 눈에 보이는 빛을 가시광선이라고 하는데 보통 빨강, 주황, 노랑, 초록, 파랑, 남색, 보라의 일곱 색으로 이루어져 있다고 말하죠. 일곱 색깔의 빛이 합쳐지면 흰색을 띠고요. 빛과 같은 파동을 특징짓는 가장 중요한 물리량은 파장이에요. 빛의 색깔은 파장과 관계되죠. 가시광선의 경우는 빨간색의 빛이 파장이 제일 길고 그 다음 주황, 노랑 식이에요. 그런데 빨간빛보다 파장이 긴 빛은 사람의 눈에 안 보이죠. 이것을 적외선이라고 해요. 지금 리모컨에서 나오는 빛은 적외선이기 때문에 눈에 안 보이는 거예요."

이번에도 누리는 거침없이 설명했다.

"맞아. 그렇다면 보랏빛보다 파장이 짧은 빛도 눈에 안 보이겠군."

옵티마가 물었다.

"물론이에요. 그런 빛을 자외선이라고 불러요. 파동은 파장이 짧을수록 에너지가 커지는 성질이 있어요. 그러니까 자외선은 에너지가 큰 빛이죠. 이런 바다에서 강렬한 자외선을 많이 쪼이면 얼굴에 화상을 입을 수도 있으니까 자외선 차단제를 발라 자외선으로부터 피부를 보호해야 해요."

누리의 말이 끝나기 무섭게 매직시스의 손에 두 개의 튜브형 자외선 차단제가 쥐어졌다. 마법으로 금세 만들어 낸 것이었다. 누리는 매직시스로부터 자외선 차단제를 건네받아 얼굴과 노출된 피부에 골고루 발랐다. 그리고 옵티마에게 자외선 차단제를 권하자 그녀는 자신의 피부는 자외선 정도는 충분히 견딜 수 있다며 손을 저었다. 누리는 옵티마의 희고 고운 피부가 자외선 때문에 트러블을 일으킬 것이 염려되었지만 그녀의 뜻대로 하기로 하고 남은 자외선 차단제를 매직시스에게 건넸다.

'꼬르륵─'

그때 누군가의 배에서 우렁찬 소리가 들려왔다. 누리는 매직시스를, 매직시스는 누리는 돌아다보았다. 그러나 곧 그 소리가 옵티마의 군살이라고는 하나도 없어 보이는 배에서 나온 소리라는 것을 알게 되었다. 옵티마는 부끄러운 듯 얼굴을 붉혔다.

"배고프신가 봐요?"

누리가 웃음을 참으며 물었다.

"요즘 다이어트를 하느라 뭘 못 먹어서 말이야."

옵티마는 이를 드러내고 씨익 웃으며 두 사람을 번갈아 보았다.

"이렇게 만난 것도 인연인데 점심식사나 함께 하죠. 제가 요리라면 좀 하거든요."

누리가 으스대며 말했다. 옵티마의 체면을 조금이라고 살려주려는 생각에서였다. 누리는 매직시스에게 스테이크용 쇠고기 세 덩어리와 샐러드용 야채, 그리고 접시와 프라이팬 등을 부탁했다. 매직시스는 고개를 끄덕이고는 마법으로 누리가 부탁한 재료들을 불러냈다.

재료가 모두 준비되자 누리는 프라이팬에 쇠고기 세 덩어리를 올려놓았다. 매직시스와 옵티마는 의아한 눈으로 누리와 재료들을 번갈아 쳐다보았다. 프라이팬을 가열할 가스레인지가 없기 때문이었다.

"불이 없잖아?"

옵티마가 군침을 삼키며 물었다.

"그렇군요. 음, 당신이 불을 만들어 줄 수 있겠죠?"

누리가 물었다. 그러나 옵티마는 고개를 가로 저었다. 최근에 마법사들이 불이나 화약 같은 것을 만들어 사람들을 위험에 처하게 하는 일이 종종 일어난 후부터는 성주가 마법사들이 만들지 말아야 할 위험한 품목을 정했고 거기에 불이 들어가 있기 때문이었다. 누리는 흘깃 매직시스를 바라보았다. 매직시스 역시 성주의 말을 거스를 수 없었기 때문에 고개를 좌우로 흔들었다. 이제 생고기를 먹든지 굶든지 결정해야 하는 순간이었다. 누리는 두 마법사 중 누구라도 고기를 구울 수 있는 연료를 만들 수 있다고 생각했는데 보기 좋게 예상이 빗나간 것이었다. 그러자 도저히 허기를 참을 수 없었던 옵티마가 말했다.

"끙…… 쇠고기 스테이크를 만들어 주면 과제를 해결한 걸로 해줄게."

"정말이죠?"

누리의 눈이 반짝였다. 그러고는 매직시스에게 귓속말을 했다.

"대형 파라볼라 안테나와 쿠킹호일, 순간접착제를 부탁해요."

매직시스는 이 물건들이 왜 필요한지를 따지려다 누리가 너무나 확신에 찬 표정으로 말하자 가만히 고개를 끄덕이고는 물건들을 나오게 했다. 물건들이 나오자 누리는 능숙한 솜씨로 안테나의 움푹한 표면에 쿠킹호일을 붙이기 시작했다. 매직시스는 도저히 궁금함을 참을 수 없어 누리에게 물었다.

"뭘 만드는 거죠?"

"커다란 오목거울을 만드는 거예요. 쿠킹호일은 알루미늄으로 되어 있어 빛을 잘 반사하는 성질이 있지요. 이렇게 안테나의 안쪽에 쿠킹호일을 모두 붙이면 오목거울이 완성돼요."

누리가 쿠킹호일을 잘게 잘라내어 안테나의 안쪽에 붙이며 대답했다.

"그걸로 고기를 구울 수 있나요?"

매직시스가 두 눈을 반짝이며 물었다.

"고기를 구우려면 열이 필요해요. 열을 고기에 공급하는 방법으로는 열의 전도, 대류, 복사 세 가지 방법이 있지요. 전도는 가열된 프라이팬의 열이 고기에 직접적으로 전달되는 것이고, 대류는 샤브샤브를 할 때처럼 물속에 얇은 고기 조각을 넣고 끓이면 물 전체가 골고루 뜨거워지는 현상이에요. 마지막으로 복사는 매질 없이 빛에 의해 물체가 가열되는 것이죠. 즉, 빛의 에너지가 고기에 직접 전달되어 고기를 가열하는 거예요. 바로 이러한 복사를 이용해서 고기를 구우려고 오목거울을 만드는 중이고요."

누리가 마지막 쿠킹호일 조각을 안테나에 붙이고는 매직시스에게 빙긋 미소 지으며 말했다. 매직시스는 아직도 오목거울과 고기 가열 사이의 관계가 잘 이해되지 않는 표정이었다. 옵티마

역시 그런 듯 했지만 배가 너무 고픈 나머지 힘이 빠진 표정으로 숨을 죽이며 누리의 손을 응시하고 있었다.

누리는 드디어 완성된 오목거울을 손에 쥐고는 두 사람을 번갈아 보더니 다시 입을 열었다.

"빛을 모을 수 있는 방법은 두 가지예요. 하나는 돋보기 같은 볼록렌즈를 이용하는 거예요. 렌즈는 빛을 한 점에 모으는 성질이 있으니까요. 하지만 오목렌즈는 안 돼요. 그것은 빛을 모으기는커녕 오히려 퍼뜨리는 성질이 있거든요.

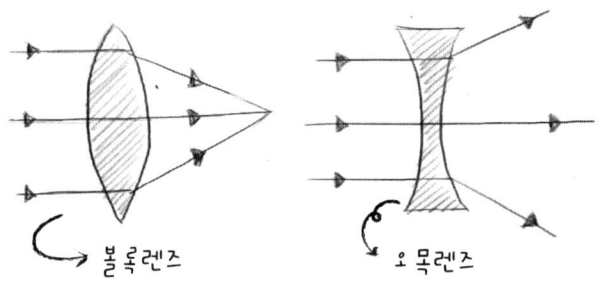

볼록렌즈   오목렌즈

또 하나는 바로 오목거울을 이용하는 거예요. 안테나와 같은 오목거울을 이용하면 빛을 한 점에 모을 수 있어요. 이때 빛이 모이는 한 점을 오목거울의 초점이라고 부르죠."

누리가 오목거울 면에 붙어 있는 쿠킹호일 조각들을 손으로 눌러 더욱 매끄럽게 만들며 말했다.

누리는 오목거울을 적당한 곳에 고정시키고 오목거울의 초점

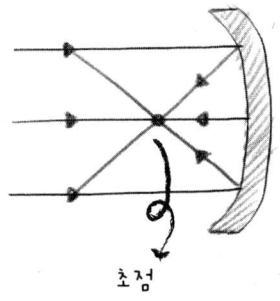

초점

이 되는 위치에 프라이팬을 놓은 후 그 위에 쇠고기를 올려놓았다. 강렬한 빛이 오목거울에 반사된 후 쇠고기를 향해 몰려들었다. 그러더니 지글지글거리는 소리가 들리면서 쇠고기가 노릇노릇해지기 시작했다.

"우와, 대단해요!"

매직시스가 도무지 믿기 어려운 듯 구워지는 쇠고기를 보며 감탄의 눈빛으로 말했다.

"음, 고기 냄새."

옵티마가 고기에 코를 가까이 가져다 대며 행복한 표정으로 냄새를 맡았다. 누리는 고기를 뒤집어 반대쪽 면을 구웠다. 마치 고급 레스토랑의 주방장처럼 능숙한 솜씨였다. 드디어 고기 세 덩어리가 맛있는 스테이크로 변신했고 누리는 접시 세 개에 스테이크 한 덩어리씩과 신선한 야채샐러드를 곁들여 포크와 나이프와 함께 테이블에 올려놓았다.

"어때요? 먹음직스럽죠?"

누리가 옵티마에게 미소 지으며 말했다. 옵티마는 서둘러 고기 한 점을 먹으려다가 무슨 생각이 떠올랐는지 나이프를 다시 내려놓았다.

"이런 날 와인이 빠질 순 없죠."

옵티마는 누리에게 윙크를 보내며 거울에 와인을 그리고 'ⅹ3'을 쓴 후 거울을 흔들었다. 조용하고 아름다운 바닷가에서 와인을 곁들인 우아한 스테이크 파티가 열렸다.

사운더스Sounders - 악기

"난 최근에 소리과학의 고수로 임명되었어. 그래서 아직 모르는 게 많아. 그리고 내일 과학 고수들의 장기자랑 행사가 있는데 거기에서 소리의 고수답게 노래를 부르기로 되어 있어. 난 그걸 연습해야 해서 시간이 없거든. 그러니 그냥 성문 밖으로 나갔다가 다시 들어와. 그러면 다른 과학 고수가 상대해 주겠지."

사운더스Sounders - 악기

아름다운 음악이
흘러나오게 하는 악기는
공기의 진동을 통해
음파를
만들어내는
과정이다.
모든 악기는
우리 가까이에 있다.

다시 들어간 성에서는 탁 트인 야외극장이 두 사람을 맞이했다. 모든 좌석은 비어있었고 무대 중앙에는 턱시도 복장을 한 남자가 마이크 앞에 서 있었다.

"이번에는 극장이네요. 뭔가 재미있는 일이 벌어질 것 같은데요."

누리가 극장 맨 뒤쪽 의자를 한 손으로 잡으며 말했다.

"옵티마와의 파티는 정말 재밌었어요. 이제 다시는 줄에 매달려 입을 쫙 벌린 악어를 보는 일 따위 없었으면 좋겠어요."

매직시스는 끔찍한 생각이 난 듯 몸서리를 쳤다.

'아~ 아~ 아~ 아~ 아~'

무대 위의 남자가 발성연습을 하는 중이었다. 그런데 이상하게도 다섯 개의 음이 모두 똑같이 '도' 음이었다. 다음에는 '레' 음을 연습하겠지, 기다려 보았지만 '도' 음만으로 발성연습을 마친 남자는 곧이어 노래를 부르기 시작했다.

나는 꾀꼬리 같은 목소리를 가졌어요.
나는 음악의 제왕 사운더스.
나의 노래를 들어보세요.
모든 고통이 사라진대요.

발성연습 중인
소리과학의 고수
사운더스

이상은 완벽한 음악의 제왕인데 **사실**

소리과학의 **고수**가 된 지 얼마 안 되서

노래 실력이 **영** 신통찮다.

대충 이런 가사였다. 신기하게도 남자는 '도' 음만으로 노래를 부르고 있었다. 다른 계이름이 나올까 열심히 기다려 보았지만 노래가 끝날 때까지 나온 계이름은 '도' 음 하나 뿐이었다.

"저런…… 쯧. 음치가 따로 없네요. 어떻게 한 음만으로 노래할 생각을 하지. 음이 높아졌다 낮아졌다 하면서 음악이 만들어지는 건데."

누리가 고개를 절레절레 저으며 말했다.

"음의 높이는 어떻게 해야 달라지는 거죠?"

매직시스가 물었다.

"소리는 공기의 진동이 퍼져나가는 파동이에요. 그래서 음파라고도 하지요. 소리를 내는 곳을 성대라고 하는데 우리의 성대는 피리 같은 일종의 관악기라고 생각하면 돼요. 그러니까 성대를 좁히면 얇은 관이 되어 공기의 진동이 빨라져 진동수가 커지요. 이렇게 진동수가 커지면 높은 음이 만들어져요. 반대로 성대를 부풀리면 반지름이 큰 관이 되어 공기의 진동이 느려져 낮은 음이 만들어지지요. 그러니까 '도, 레, 미, 파, 솔, 라, 시, 도'로 음높이가 높아지려면 성대를 점점 더 좁혀야 해요. 그래야 점점 더 진동수가 큰 음이 만들어지니까요."

누리가 설명하는 사이, 무대 위의 남자는 두 사람을 발견하고는 노래를 멈추었다. 그 남자는 두 손을 흔들어 두 사람을 무대 위로 불렀다.

"어디서 온 거지?"

남자가 물었다. 그 남자는 사운더스라는 이름의 과학 고수였
다. 원래 마찰력의 고수였던 그는 갑자기 성주로부터 소리를 연
구하라는 명령을 받고 연구를 시작한 터라 아직 소리의 과학에
대해서는 모르는 게 많았다.

"대결을 원해요!"

누리가 목에 핏대를 세우고 말
했다. 사운더스는 누리의
눈빛이 무서운 듯 애써 누리의
시선을 피하려 했다.

"소리의 과학에 대한 대결
말이지?"

"네."

"난 최근에 소리과학의 고수로
임명되었어. 그래서 아직 모르는 게
많아. 그리고 내일 과학 고수들의 장기자랑
행사가 있는데 거기에서 소리의 고수답게 노래를 부르기
로 되어 있어. 난 그걸 연습해야 해서 시간이 없거든. 그러니 그
냥 성문 밖으로 나갔다가 다시 들어와. 그러면 다른 과학 고수가

상대해 주겠지."

사운더스는 이 상황과 두 사람이 매우 귀찮다는 표정이었다.

"그건 안 돼요. 모든 과학 고수와의 대결에서 이겨야 집에 갈 수 있단 말이에요. 그리고 매직시스도 성 안에서 다시 살 수 있고요."

누리는 매직시스를 힐끔 쳐다보았다. 매직시스는 사운더스가 누리와의 대결을 받아 주기를 간절히 바라는 눈치였다.

"좋아. 그럼 우리 모두에게 이득이 되는 대결을 재안하지."

사운더스가 측은한 눈빛으로 두 사람을 바라보며 말했다.

"그게 뭐죠?"

누리가 사운더스를 올려다보았다.

"내일 장기자랑에서 내가 1등 할 수 있게 도와 줘. 나는 과학 고수들 중에서 인기가 별로 없는 편이야. 그래서 열등의식이 강하지. 이번만큼은 1등을 해서 자신감을 키우고 싶어."

사운더스는 진심어린 표정으로 진지하게 말했다.

"좋아요. 그런데 궁금한 게 하나 있어요. 왜 '도' 음으로만 노래를 부르죠?"

"'도' 음? 그게 뭐지?"

사운더스가 이해할 수 없다는 표정으로 물었다.

"음악은 음 높이가 다른 음들로 만들어지는 거예요. 가장 기본이 되는 음은 '도, 레, 미, 파, 솔, 라, 시, 도'이지요."

"'도'는 왜 두 번 나오지?"

사운더스가 두 손을 맞잡아 턱에 괴며 초롱초롱한 눈으로 누리를 쳐다보았다.

"앞의 '도' 음은 '낮은 도' 음이고 뒤의 '도' 음은 '높은 도' 음이에요. 높은 음을 내기 위해서는 공기를 빠르게 진동시켜야 해요. 1초 동안 공기가 진동하는 횟수를 진동수라고 하는데, 진동수의 단위는 'HZ'라고 쓰고 '헤르츠'라고 읽어요. '낮은 도' 음의 진동수는 264HZ예요. 즉, 공기를 1초에 264번 진동시키면 '도' 음이 만들어지지요. 좀 더 빠르게 공기를 진동시켜 공기의 진동수가 297HZ가 되면 '레' 음이 만들어지고, '미' 음은 330HZ, '파' 음은 352HZ, '솔' 음은 396HZ, '라' 음은 440HZ, '시' 음은 495HZ, 그리고 '높은 도' 음은 528HZ예요."

"'높은 도' 음은 '낮은 도' 음의 두 배의 진동수를 갖는군."

"맞아요. '높은 레' 음도 '낮은 레' 음의 두 배의 진동수를 가져요. 이렇게 진동수가 두 배가 되면 계이름은 같고 음 높이는 높은 음이 만들어져요."

누리는 말을 마치자마자 '도, 레, 미, 파, 솔, 라, 시, 도'를 천천히 불러주었다. 음 높이가 점점 올라갈 때마다 사운더스의 눈도 커졌다. 그리고 사운더스는 다시 두 손을 맞잡고 초롱초롱한 눈으로 누리에게 8개의 음을 내는 법을 알려달라고 부탁했다. 누리는 다시 '도' 음부터 천천히 발성하며 사운더스에게 따라 부르도록 했다. 사운더스는 음악을 처음 배우는 어린아이처럼 무척 신난 표정이었다.

"잘했어요. 이제 당신이 쓴 가사에 계이름을 붙여볼게요."

누리는 이렇게 말하고는 사운더스가 한 음으로 불렀던 노랫말에 적당한 멜로디를 붙였다. 가사 하나하나에 계이름 하나씩이 대응되었다. 누리는 사운더스에게 한 마디씩 따라 부르게 했다. 무대에서 다시 사운더스의 노래가 울려 퍼졌다.

나는 꾀꼬리 같은 목소리를 가졌어요.
나는 음악의 제왕 사운더스.
나의 노래를 들어보세요.
모든 고통이 사라진대요.

계이름이 달라지면서 공기들이 다른 빠르기로 진동하며 극장 안에 퍼져 나갔다. 이번에는 노래다웠다. 사운더스도 자신의 노래에 만족한 듯 즐거워하는 표정이었다. 이제 과제는 해결된 셈이었다. 하지만 누리는 매직시스와 함께 하루 더 이 성 안에 머물기로 했다. 사운더스가 자신의 공연을 도와달라고 간청했기 때문이었다.

"그럼 악기를 만들어 볼까요?"

누리가 말했다.

"악기가 뭐지?"

사운더스가 물었다.

"음을 만드는 장치를 악기라고 해요. 악기에는 세 종류가 있어요. 하나는 타악기인데 무언가를 때려서 그 진동이 공기를 진동시켜 소리를 내는 것이죠."

누리의 설명에 악기를 한 번도 본 적이 없는 사운더스는 고개를 갸웃거렸다. 누리는 매직시스에게 귓속말로 속삭였다. 잠시 후 매직시스는 여덟 개의 크기가 다른 종이 매달려 있는 장치를 나타나게 했다.

종은 왼쪽에서 오른쪽으로 갈수록 점점 작아졌다. 누리가 가장 큰 종을 때리자 낮은 소리가 울렸다.

"'도' 음이야. 그렇지?"

사운더스가 신난 표정으로 말했다.

누리가 가장 큰 종부터 가장 작은 종까지 차례대로 때리자 '도, 레, 미, 파, 솔, 라, 시, 도' 음이 차례로 울려 퍼지며 극장 안을 맴돌았다. 사운더스는 무척 놀란 표정으로 울려 퍼지는 소리에 귀를 쫑긋 세웠다.

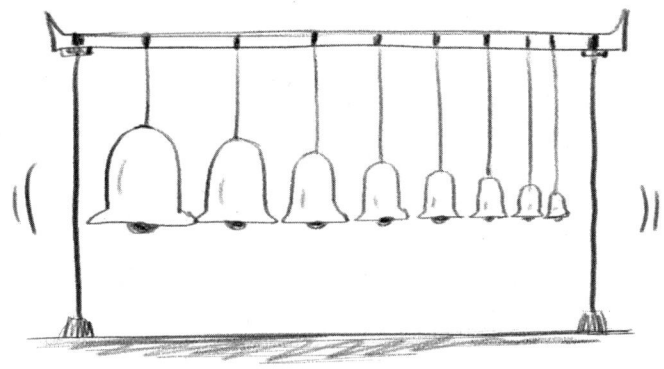

"같은 종인데
왜 음이 다르지?"

"종의 크기가 달라서 그래요. 무거운 물체는
같은 힘을 받아도 작은 물체보다는 덜 움직이려고 하지요. 그러
니까 큰 종을 치면 종이 느리게 진동하게 되고 따라서 주위의 공
기가 느리게 진동해 낮은 음이 만들어져요. 반대로 작은 종은 같
은 힘을 받아도 잘 움직이니까 빠르게 진동하게 돼요. 그래서 주
위의 공기가 빠르게 진동해 진동수가 큰 높은 음이 만들어 지는
거예요."

누리가 깔끔하게 설명했다. 사운더스는 신이 난 듯 이 종 저
종을 쳐보고 있었다. 그 모습을 보고 누리와 매직시스는 '푸웃'
하고 웃음을 터뜨렸다.

"어때요? 재미있는 악기죠?"

누리가 사운더스에게 으스대며 말했다.

"악기에는 세 종류가 있다고 했잖아? 다른 건 뭐지?"

사운더스가 종을 치던 손을 잠시 멈추고 고개를 돌려 누리에게 물었다.

"현악기와 관악기요. 현악기는 줄을 튕겨서 소리를 내는 악기에요. 줄을 튕기면 줄이 진동하면서 주위의 공기를 진동시켜 소리가 나지요. 그리고 관악기는 관 안의 공기를 진동시켜 소리를 내는 악기를 말해요."

누리가 차분하게 설명했다. 사운더스가 무언가를 바라는 눈빛으로 누리의 눈을 쳐다보았다. 관악기와 현악기도 만들어 주기를 간절히 바라는 듯 했다. 사운더스의 마음을 읽었는지 누리가 매직시스에게 귓속말로 속삭였다.

잠시 후 매직시스가 마법으로 8개의 줄과 직사각형의 판때기를 만들어냈다. 누리는 8개의 줄을 서로 다른 길이로 자르더니 기다란 직사각형의 판때기에 양끝을 고정시켰다.

누리가 맨 윗줄을 손가락으로 튕겼다. 그러자 다시 '낮은 도' 음이 흘러나왔다. 줄은 아래로 내려갈수록 점점 짧아졌는데 누리가 위에서부터 차례로 튕기자 '도, 레, 미, 파, 솔, 라, 시, 도'

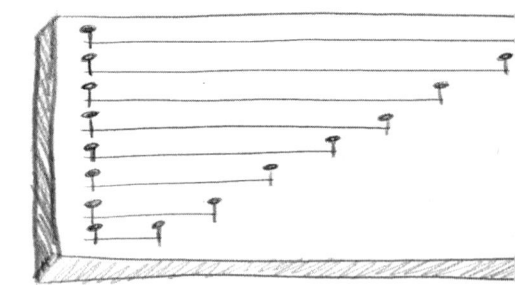

음이 차례로 흘러나왔다.

"우와! 신기해."

사운더스는 감탄한 듯 탄성을 지르더니 줄을 퉁겨보았다. 줄의 길이에 따라 다른 음이 나오는 것이 마냥 즐거운 듯 사운더스는 신나게 줄을 퉁겼다.

"왜 줄의 길이가 달라지면 음이 달라지지?"

사운더스가 물었다.

"긴 줄은 짧은 줄보다 덜 움직이려는 성질이 있어요. 그러니까 긴 줄을 퉁기면 진동이 느리죠. 따라서 주위의 공기를 느리게 진동시켜 낮은 음이 만들어지는 거예요."

이제 관악기를 만들 차례였다. 누리는 잠시 어떤 관악기가 좋을까 고민하더니 매직시스에게 귓속말을 했다. 잠시 후 무대 위에 테이블이 나타났고 그 위에는 여덟 개의 와인 잔과 와인 두 병이 놓여 있었다.

"뭐야? 와인 파티를 하는 거야?"

사운더스가 고개를 갸우뚱거리며 와인을 바라보았다.

"이제 관악기를 만들 거예요."

누리가 여덟 개의 잔에 와인을 채우기 시작했다. 하지만 채워진 와인의 높이가 달랐다. 왼쪽에서 오른쪽으로 갈수록 담긴 와인의 높이가 낮아졌다.

　누리는 가느다란 쇠막대를 들더니 가장 왼쪽에 있는 잔을 두
들겼다. 와인이 가장 많이 담겨 있는 그 잔은 누리가 두들기자
정확하게 '도' 음을 냈다. 누리는 와인 잔을 왼쪽부터 오른쪽으
로 차례로 쳐보았다. 예상대로 '도, 레, 미, 파, 솔, 라, 시, 도' 음
이 흘러나왔다.

　"왜 음이 달라지지?"

　사운더스는 입을 쫙 벌리고 멍한 표정으로 물었다.

　"이 악기는 유리잔을 때리면 유리가 진동을 하면서 잔 안의 공
기를 진동시켜 소리를 내는 원리를 이용한 거예요. 이때 와인의
양이 적으면 유리잔이 쉽게 움직이므로 빠르게 진동하지요. 그
러면 잔 안의 공기가 빠르게 진동해 높은 음이 만들어지는 거예
요. 반대로 잔을 가득 채우면 유리가 둔하게 움직이니까 느리게
진동하지요. 그래서 공기가 느리게 진동해 낮은 음이 만들어지

는 거예요."

누리가 똘똘한 목소리로 설명했다. 사운더스는 8개의 음을 발성하는 법을 배운 데다가 세 개의 악기까지 생기자 날아갈 듯이 신난 표정이었다.

그리고 사운더스의 눈물겨운 애원으로 결국 누리와 매직시스는 사운더스와 함께 과학 고수 장기자랑에 3인조 밴드로 출전하게 되었다. 노래와 줄기타는 주인공인 사운더스가 맡고, 와인잔 악기는 매직시스가, 종 악기는 누리가 맡아 '사운더스와 아이들'이라는 팀명으로 출전한 세 사람은 최선을 다해 공연했다. 사운더스의 자작곡이 세 사람의 연주를 통해 아름다운 노래로 흘러나오자 모든 관객들은 숨을 죽이며 음악에 몰입했다. 결국 심사위원들의 만장일치로 대상은 '사운더스와 아이들'이 차지했고 사운더스는 관객들에게 손을 흔들며 태어나서 가장 행복한 순간을 맞이했다.

사운더스는 두 사람에게 감사의 인사를 한 후 무언가 알아듣기 힘든 주문을 외쳤다. 그러자 누리와 매직시스의 몸이 공중으로 붕 떠오르더니 아름다운 소리가 들리며 향긋한 냄새가 풍기는 구름 속에 휩싸였다. 두 사람은 노랫소리와 향기에 취해 정신을 잃었다.

10. 열 번째 고수
워터 백작 The Count of Water - 물

"내 딸이 마법에 걸렸어. 오일링이라는 마법사인데 과학의 성 밖에 있는 어둡고 음침한 포이즌 성에 살고 있지. 그는 예전부터 나와의 마법 경쟁에서 단 한 번도 이기지 못했어. 그래서 마지막 마법대회에서 부정행위를 저질렀고 그 후 과학의 성에서 쫓겨나게 되었지. 그때 오일링의 부정행위를 발견한 사람이 나였어. 그래서……."

워터 백작 The Count of Water - 물

물은
수소와 산소가
결합한 물질로
우리 몸에서
가장 많은 부피를 차지한다.
손수건 끝에 물을 적시면
왜 손수건 하나가
흠뻑 젖게 될까?
물은
신기한 성질을
많이 가지고 있다.

정신을 차려 보니 두 사람은 다시 성 앞에 있었다.

"우와!"

매직시스가 탄성을 질렀다. 문을 열고 들어간 성 안에는 여러 가지 모양의 분수들이 보였다. 오줌싸개 인형 분수도 있었고, 입으로 물을 내뿜는 거대한 장군의 분수, 빨주노초파남보 무지개색의 물을 뿜어내는 무지개 분수 등 크고 작은 수많은 분수들이 두 사람의 눈을 현혹시켰다. 성 안은 실내였지만 위로는 돔 모양의 거대한 채광창이 있어 햇빛이 강하게 들어와 마치 야외에 있는 듯 했다. 분수에서 뿜어 나오는 물들이 햇빛에 반사되며 장관을 이루었다.

두 사람은 한참 동안 분수에서 시선을 떼지 못했다. 그때 흰색 턱시도에 흰색 구두를 신은 잘생긴 남자가 분수 사이를 걸어 나와 두 사람 앞에 섰다.

"반가워요. 물의 성에 온 걸 환영해요. 나는 워터 백작이야. 물 과학의 고수이지."

남자가 부드러운 목소리로 두 사람에게 자신을 소개했다. 워터 백작은 피부가 백옥처럼 고왔다.

"음, 내 이상형이야."

매직시스가 눈을 지그시 감고 중얼거렸다.

"정신 차려요!"

워터백작

백옥 같은 피부,
수려한 외모
하지만
딸을 가진 아빠

주름 하나 없는
흰 바지

누리가 매직시스를 살짝 밀쳤다. 매직시스가 조금 민망한 듯 누리를 보며 배시시 웃었다.

워터 백작은 두 사람을 오줌싸개 인형 분수 앞에 있는 돌로 된 탁자에 앉게 했다. 누리와 매직시스는 워터 백작에게 자신을 소개하고 그동안 과학 고수들과 있었던 일들을 들려주었다. 그러나 이야기를 듣는 내내 워터 백작은 겉으로는 미소 짓고 있었지만 왠지 부자연스러워 보였다. 뭔가 심각한 고민을 감추고 있는 듯 했다.

"그런데 안색이 좋지 않아요. 무슨 일이 있나요?"

참다못해 누리가 먼저 입을 열었다.

"슬픈 이야기야."

워터 백작이 고개를 떨어뜨렸다. 잠시 후 워터 백작이 고개를 들고 그렁그렁 눈물이 맺힌 눈으로 말했다.

"내 딸이 마법에 걸렸어. 오일링이라는 마법사인데 과학의 성 밖에 있는 어둡고 음침한 포이즌 성에 살고 있지. 그는 예전부터 나와의 마법 경쟁에서 단 한 번도 이기지 못했어. 그래서 마시막 마법대회에서 부정행위를 저질렀고 그 후 과학의 성에서 쫓겨나게 되었지. 그때 오일링의 부정행위를 발견한 사람이 나였어. 그래서……"

워터 백작의 눈에서 눈물 한 방울이 뺨을 타고 흘러내렸다. 매

직시스는 마법으로 손수건을 만들어 그에게 건네주었다.

　"어떤 마법에 걸린 거죠?"

　매직시스가 측은한 표정으로 워터 백작을 바라보며 물었다.

　"침대에 몸이 붙어 버렸어. 아무리 떼어 놓으려고 해도 떼어지지 않아."

　"정말 안됐군요."

매직시스도 백작을 따라 훌쩍거렸다. 워터 백작은 두 사람을 딸의 방으로 안내했다. 분수들 사이로 난 길을 곧바로 지나가자 유리창이 유난히 큰 아담하고 깨끗한 방이 나타났다. 방 안 침대 에는 10살 정도 되어 보이는 긴 생머리의 소녀가 누워있었다. 그 녀는 슬픈 표정으로 창밖으로 보이는 낯선 사람들을 바라보고 있었다. 소녀의 슬픈 얼굴을 보자 누리와 매직시스의 마음이 무 거웠다.

"마법을 푸는 방법은 없나요?"

누리가 물었다.

"있긴 있어. 하지만……."

워터 백작이 자신 없는 말투로 말했다.

"뭔데요?"

누리가 재촉하듯 물었다.

"반쪽은 빨간색이고 다른
반쪽은 푸른색인 카네이션을
아이에게 보여주면 마법이 풀린다는
거야. 하지만 그게 말이 돼? 그런 카네이션이 어디 있어?"

워터 백작이 다소 흥분된 어조로 말하더니 측은한 표정으로 딸을 바라보았다.

"반은 빨강, 반은 파랑……."

누리가 눈을 감고 골똘히 생각에 잠겼다. 잠시 후 누리의 눈이 깜박거렸다.

"가능해요!"

누리가 큰소리로 외쳤다.

"정말?"

워터 백작은 믿어지지 않는다는 표정으로 반문했다. 매직시스 역시 그런 표정이었다.

"물의 성질을 이용하는 거예요."

누리가 다시 말했다.

"어떤 성질을 말하는 거지? 물이라면 나도 좀 알고 있는데……."

워터 백작이 말끝을 흐렸다.

"모세관 현상을 이용하는 거예요."

"모세관 현상이라면 가늘고 긴 관을 물에 담그면 물이 모세관을 타고 위로 올라가는 그 현상 말인가?"

"네. 바로 그거요."

누리는 매직시스에게 귓속말로 뭔가를 주문했다. 잠시 후 물이 가득 담긴 양동이와 타월 한 장이 나타났다. 누리는 타월의 끝을 물에 담갔다. 그러자 타월을 타고 물이 점점 위로 올라가기 시작했다.

"이게 모세관 현상의 대표적인 예라고 할 수 있죠. 타월은 수천 개의 가느다란 실로 이루어져 있는데 이 실들이 모세관 역할을 하는 거예요."

누리가 물에 흠뻑 젖은 타월을 양동이에 담그며 말했다.

"모세관 현상이 왜 일어나는 거죠?"

가만히 듣고 있던 매직시스가 물었다.

"물의 표면장력 때문이에요."

누리가 간단하게 대답했다.

"그게 뭐죠?"

"물은 물 분자로 이루어져 있어요. 그런데 물 분자들은 상호작용을 높이기 위해 표면적을 작게 만들려는 성질이 있어요. 이러한 성질 때문에 물이 가는 관(모세관)의 벽을 타고 위로 올라가는 거지요."

누리는 말을 마치자마자 다시 매직시스에게 귓속말로 뭔가를 주문했다. 잠시 후 매직시스의 마법으로 조그만 두 개의 컵과 흰색 카네이션 한 송이가 나타났다.

워터 백작과 매직시스는 의아한 눈으로 누리의 행동을 주시했다. 누리는 하얀 카네이션의 줄기를 끝에서부터 10센티미터 정도 칼로 잘라 두 개의 줄기로 만들었다. 그리고 그중 한 줄기는 붉은 잉크가 담긴 컵에, 다른 한 줄기는 푸른 잉크가 담긴 컵에 담갔다. 잠시 후 놀라운 일이 벌어졌다. 흰색 카네이션이 반은 붉고 반은 푸른 카네이션으로 변한 것이었다. 누리는 그 카네이션을 들고 소녀의 방으로 들어가 소녀에게 보여주었다. 그러자 놀랍게도 소녀가 빙그레 웃더니 아무 일도 없었던 것처럼 침대에서 벌떡 일어났다.

"아빠."

"오! 나의 딸."

워터 백작과 그의 딸은 눈물을 흘리며 행복한 포옹을 하였다.

"나를 도와주었으니 과제는 해결된 걸로 할게. 그런데 어떻게 이런 카네이션을 만든 거지?"

워터 백작이 온화한 미소를 지으며 누리에게 물었다.

"모세관 현상이에요."

누리가 소녀에게 윙크하며 말했다.

"카네이션에는 모세관이 없잖아?"

"없긴요. 모든 식물의 줄기에는 두 개의 가느다란 관이 있어요. 하나는 잎에서 광합성으로 만들어진 영양분을 식물의 몸 구석구석으로 보내는 역할을 하는데 이것을 체관이라고 해요. 또 하나는 뿌리에서 흡수된 물을 위로 올려주는 역할을 하는데 이것을 물관이라고 해요. 바로 이 물관이 모세관 역할을 해서 잉크를 꽃으로 올려 보낸 거죠. 그런데 줄기를 둘로 나누어 하나는 붉은 잉크에 다른 하나는 푸른 잉크에 담갔기 때문에 붉은 잉크에 담긴 줄기속의 물관을 통해서는 붉은 잉크가, 푸른 잉크에 담긴 줄기 속의 물관을 통해서는 푸른 잉크가 꽃으로 올라가 절반은 붉게 물들이고 절반은 푸르게 물들인 거죠."

누리는 자신의 작품인 새 품종의 카네이션을 손에 쥐고 승리의 브이자를 그리며 자신 있게 말했다. 그 모습을 보며 워터 백작과 그의 딸은 이 세상에서 가장 행복한 미소를 지었다.

애시드Acid - 산과 염기

"벌침 속에는 산이 들어있어. 그 산 성분 때문에 쓰리고 아픈 거지. 그래서 돼지 오줌을 뿌리라고 한 거야. 오줌 속에는 암모니아수가 들어있어. 암모니아수는 염기성이지. 그래서 벌침의 산성 성분을 중화시킬 수 있어."

애시드Acid — 산과 염기

세상의 물질은
산과 염기로
나누어진다.
산과 염기를 구분하려면
리트머스 시험지
한 장이면 된다.
푸른 리트머스 시험지를
산에 넣으면
마법처럼
리트머스 시험지의 색깔이
붉게 변한다.

이번에 들어간 성 안에서는 낡은 창고처럼 퀴퀴하고 쉰 냄새가 났다. 여기저기 거미줄이 쳐 있고 거미줄에는 죽은 벌레들이 달라붙어있었다. 성 안은 양쪽 벽에 있는 양초에 불이 켜져 있을 뿐 다른 조명이 없어 어두운 편이었다. 지금까지 방문한 성의 모습 중에서 최악이라고 할만 했다.

"으악!"

매직시스가 비명을 질렀다. 누리가 등 뒤를 돌아보니 커다란 벌 한 마리가 매직시스에게 달려들고 있었다. 매직시스는 두 손을 휘저으며 벌을 막아보려 했지만 벌의 움직임이 빠르고 일정하지 않아 쉽지 않았다. 누리는 신발 한 짝을 벗어 벌을 신발 안에 가두려고 했다. 그러나 그 계획은 수포로 돌아갔다. 벌이 잽싸게 날아온 방향으로 되돌아갔기 때문이었다. 누리는 신발을 다시 신고 매직시스에게 달려갔다.

매직시스의 오른쪽 무릎 아래가 벌겋게 부어오르고 있었다.

"벌에 쏘였나 봐요."

누리가 걱정스러운 표정으로 말했다. 매직시스는 말없이 고개를 끄덕이며 괴로운 듯 신음을 냈다.

그때 어디선가 허름한 망토를 뒤집어 쓴 수염이 긴 남자가 나타났다. 그는 한 손으로 새장 비슷한 통을 들고 있었는데 그 안에는 두 사람을 공격했던 벌이 날아다니고 있었다.

"내 이름은 애시드. 나와의 대결에서 이기지 못하면 너희는 평생 동안 벌의 공격을 피하며 살아가게 될 것이다."

애시드의 목소리는 소름이 돋을 정도로 괴이했다.

"벌에 쏘였을 때 바르는 약 좀 줘요. 그리고나서 대결하기로 하죠."

누리가 원망스러운 눈으로 애시드를 쏘아보았다. 애시드는 아무 대꾸 없이 누리를 노려보더니 "피그로이 싸그라이"라고 소리쳤다. 그러자 노르스름한 액체가 담겨있는 병이 누리 앞에 나타났다.

"그걸 바르면 된다."

애시드가 낮고 굵은 목소리로 말했다.

누리는 생각할 틈도 없이 뚜껑을 열고 병 안에 든 노란 액체를 매직시스의 발에 뿌렸다. 고약한 냄새가 나는 액체였다. 누리는 액체의 정체가 궁금해 애시드에게 물었다.

"이게 뭐죠? 약 맞아요?"

"그건 돼지 오줌이다."

애시드가 무표정한 얼굴로 말했다.

"돼……지……오……줌!!"

열한 번째 고수
애시드

돼지 오줌을 매직시스의
다리에 바르게 한
장본인.
유일한 친구인
벌을
항상
데리고
다닌다.

커졌다 작아졌다 자유자재로
변신하는 벌들

누리와 매직시스가 동시에 소리쳤다. 누리는 코를 막았고 매직시스는 다리에 묻은 돼지 오줌을 보고는 울음을 터트렸다. 그러자 애시드가 흰 이를 드러내며 킬킬거렸다.

"흐흐흐. 재밌지? 아름다운 아가씨의 다리에 돼지 오줌이라니. 하지만 벌에 쏘인 데는 오줌이 효과가 좋을 거야."

"말도 안 돼요!"

누리가 따지듯 소리쳤다.

"이게 바로 중화반응이라는 거야. 산성을 띠는 물질과 염기성을 띠는 물질을 섞으면 산성도 염기성도 아닌 물질이 만들어지지. 벌침 속에는 산이 들어있어. 그 산 성분 때문에 쓰리고 아픈 거지. 그래서 돼지 오줌을 뿌리라고 한 거야. 오줌 속에는 염기성의 암모니아수가 들어있어. 그래서 벌침의 산성 성분을 중화시킬 수 있지."

애시드가 빈정거리는 투로 말했다. 누리는 애시드의 무례한 행동이 기분 나빴지만 매직시스의 응급처치를 할 수 있게 해 준 점에 대해서는 조금 고맙기도 했다. 그리고 누리는 두 주먹을 불끈 쥐었다. 애시드가 만만한 상대가 아닌 듯싶어 자신감을 다지기 위해서였다.

누리는 매직시스의 오른쪽 다리를 다시 살펴보았다. 부풀어 올랐던 곳이 가라앉기 시작했다. 매직시스도 더 이상 아파하지는 않았지만 다리에 돼지 오줌이 묻은 것에 대해 몹시 속상해 하는 눈치였다.

"대결을 원해요."

누리는 자리에서 일어나 애시드를 쏘아보며 다부진 목소리로 말했다.

"좋아. 산 염기에 대한 대결로 하지."

애시드의 목소리에는 여유가 있어 보였다.

"설마 염산이나 황산 같은 강한 산을 뒤집어쓰는 게임은 아니겠죠?"

"그럴 리가. 그건 살인이야. 염산이나 황산은 모든 물질을 녹여버리는데 설마 이 애시드가 그런 끔찍한 게임을 하겠나?"

"그럼 됐어요. 빨리 과제를 주세요. 이곳은 너무 쾌쾌한 냄새가 나고 지저분해서 싫어요. 빨리 이 성을 나가고 싶어요."

누리가 항의조로 말했다. 그러자 애시드가 작은 목소리로 주문을 외웠다.

"보이니라 아니 보이니라 페이퍼!"

그러자 종이 한 장이 휘리릭 날아와 누리 앞에 떨어졌다. 누리는 종이를 집어 들었다. 빈 종이였다.

"이게 뭐죠?"

누리가 애시드에게 물었다.

"종이에 써 있는 대로 하면 살 수 있는
길이 보일 것이다."

애시드는 이렇게 말하고는
벌통의 문을 열고 벌을
손으로 잡았다. 순간
매직시스는 자지러지게
놀라 입을 크게 벌렸다. 또 다시
벌에게 물리고 싶지 않았기 때문이었다. 애시드는 두 사람을 향
해 기분 나쁜 웃음을 짓고는 벌을 향해 주문을 외쳤다.

'크지라크지라!'

순간 풍선이 부풀어 오르듯 벌의 몸이 점점 커지기 시작했다.
사마귀만 해졌다가 다시 병아리 크기로, 그리고 마지막에는 비
둘기 정도의 크기가 되었다. 애시드는 벌을 쥐고 있던 손을 놓았
다. 순간 벌이 두 사람을 향해 날아왔다.

"피해요!"

누리가 다급하게 소리쳤다. 두 사람은 고개를 숙여 벌과의 충
돌을 모면했지만 벌의 공격을 계속 피하는 건 어려워 보였다. 그
와중에도 누리는 연신 종이의 앞뒷면을 번갈아 보다가 종이에

코를 가져다 대었다.

"그래! 신 맛이나."

누리는 무언가를 알아낸듯 소리를 치더니 매직시스의 팔을 잡아 당겨 촛불이 켜져 있는 곳으로 후닥닥 뛰어갔다.

"뭐하는 거죠?"

매직시스가 떨리는 목소리로 물었다.

"이건 식초로 쓴 글씨예요. 식초로 글씨를 쓰면 식초가 투명하기 때문에 증발된 후에는 아무 흔적도 남지 않죠. 하지만 가열하면 글씨가 나타날 거예요."

"그건 왜죠?"

"식초는 산이에요. 산을 종이에 떨어뜨리면 종이 속에 있는 수분이 탈수 되지요. 그래서 산을 묻힌 종이를 가열하면 산이 묻어 있는 곳은 물기가 적어서 산이 묻어있지 않은 곳보다 더 잘 타게 되지요. 그러니까 양초와 같이 그리 온도가 높지 않은 불에서도 산을 묻힌 부분이 타면서 거무스름하게 글자가 나타날 거예요."

얘기를 주고받는 사이 두 사람은 앙소 앞에 다다랐다. 빌은 빙안을 이리저리 휘저으며 두 사람을 찾고 있는 듯 했다. 누리는 종이를 촛불에 가까이 가져다 대었다. 예상대로 글자가 거무스름하게 나타나기 시작했다. 글자는 성을 탈출할 수 있는 주문인 듯 했다.

'자그라나가그라!'

누리는 종이에 적힌 글을 큰 목소리로 외쳤다. 그러자 벌과 애시드는 온데간데없고 두 사람은 기진맥진한 몸으로 다시 성 앞에 서 있었다.

에어로 백작The Count of Airo – 공기

이번에는 코르크 마개를 씌운 두 개의 유리병이 나타났다. 에어로 백작은 두 사람에게 유리병을 하나씩 나눠주며 낮은 목소리로 말했다. "마개를 열고 그 안의 기체를 마셔. 이번에도 안 웃으면 과제는 면하게 해 주지. 하지만 웃는다면 아주 어려운 과제를 해결해야 할 거야."

에어로 백작The Count of Airo – 공기

공기는
질소가 약 80%이고,
산소가 19%,
나머지는
아르곤을 비롯한
여러 가지 기체들로 구성된다.
그런데
우리가 살아가는 데
필요한 것은
질소가 아니라
산소이다.

이번에 들어간 성 안에서는 연기가 모락모락 피어올랐다. 연기는 햇볕을 반사시키면서 아름답게 빛나고 있었다.

"이번엔 어떤 고수일까요?"

매직시스가 자신에게 다가오는 연기에 휩싸이며 말했다.

"글쎄요."

누리는 어떤 고수라도 상관없다는 듯 무덤덤하게 말했다. 누리의 몸도 점점 연기에 휩싸였다. 다행히 연기는 유독하지 않았고 악취도 없었다. 다만 두 사람의 시야를 가릴 뿐이었다. 어떤 연기는 도넛모양으로 가운데가 뻥 뚫려 있고, 또 어떤 연기는 축구공처럼 생겼지만 두 사람과 부딪치자 쉽게 찌그러졌다가 다시 원래의 공 모양이 되어 튕겨나가기도 했다. 두 사람은 신기한 모양의 연기를 구경하느라 바빴다. 매직시스는 연기를 손으로 만지작거리며 박수를 치며 신나했다. 그런데 잠시 후, 강한 바람이 불어오더니 연기들이 순식간에 사라졌다.

"공기의 성에 온 걸 환영한다. 내 이름은 에어로 백작이다. 공기에 대해서는 모르는 게 없지."

어디선가 나타난 키가 유난히 작고 배가 튀어나온 40대 정도로 보이는 남자가 말했다. 그의 얼굴은 팽팽하게 부풀어 오른 고무풍선처럼 통통했다. 매직시스는 '푸웃' 하고 터져나오는 웃음을 간신히 참았다. 에어로 백작의 외모가 너무도 볼품이 없었기

풍선처럼 빵빵한
얼굴의 에어로 백작

독특한 패션과
헤어스타일

때문이었다. 누리는 에어로 백작에게 자신과 매직시스를 소개했다. 잠시 후 에어로 백작이 입을 벌리자 입에서 흰 연기가 피어나오더니 세 개의 의자로 변했다. 백작은 두 사람에게 연기로 만든 의자에 앉으라고 했다. 의자는 생각보다 푹신하고 부드러워 뒤로 기대면 금방이라도 잠이 들어 버릴 것 같았다.

에어로 백작이 호루라기를 불자 팽팽하게 부풀어 오른 풍선이 나타났다. 그는 풍선 주둥이를 끌러 풍선 안의 기체를 들이마시고는 말했다.

"깔깔깔깔! 나는 남자도 아니고 여자고 아니야."

그의 목소리는 어린 여자아이의 목소리처럼 고음이었다.

"어머, 목소리가 바뀌었어요."

매직시스가 놀란 표정으로 누리를 쳐다보았다.

"풍선 안에 들어있던 헬륨을 마신 거예요. 헬륨은 공기보다 가벼워요. 그러니까 성대 안의 공기가 더 빠르게 진동해 높은 진동수의 소리가 나온 거예요."

에어로 백작은 누리의 설명에 고개를 끄덕이며 다시 호루라기를 불어 또 다른 풍선이 나타나게 했다. 이번에도 에어로 백작은 풍선 안의 기체를 들이마시고 말했다.

"흐흐흐, 이건 천상의 소리도 아니고 저승의 소리도 아니야."

이번에는 더블 베이스의 음처럼 낮고 굵직한 목소리였다.

"우와, 목소리가 또 바뀌었어요."

매직시스가 놀란 눈으로 말했다.

"크립톤이 들어있는 풍선이에요. 크립톤은 공기보다 무거운 기체죠. 그러니까 성대 안의 크립톤이 잘 움직이지 않아서 진동수가 낮은 음이 만들어진 것뿐이에요."

이번에도 누리는 풍선 속에 보이지 않는 기체의 정체를 맞추었다. 에어로 백작은 이 놀이를 즐기는 것 같았다. 우스꽝스러운 표정으로 목소리를 바꾸어 가며 두 사람을 웃기려고 무진장 애쓰는 듯 했다. 하지만 누리와 매직시스는 땅꼬마 아저씨의 유치한 놀이가 슬슬 지겨웠다.

"어라, 왜들 안 웃지?"

다른 곳을 쳐다보며 딴짓을 하는 둘을 보자 에어로 백작은 약간 기분이 상했다. 자신의 풍선 쇼에 무반응을 보인 두 사람에게 슬슬 화가 나기 시작한 것이었다.

"조금도 웃기지 않아요."

누리가 딱 부러지게 말하는 순간 에어로 백작의 얼굴이 일그러졌다.

"좋아, 웃게 해 주지."

빠드득 이를 갈며 에어로 백작이 호루라기를 두 번 불었다. 이번에는 코르크 마개를 씌운 두 개의 유리병이 나타났다. 에어로 백작은 유리병을 두 사람에게 하나씩 나눠주며 낮은 목소리로 말했다.

"마개를 열고 그 안의 기체를 마셔. 이번에도 안 웃으면 과제는 면하게 해 주지. 하지만 웃는다면 아주 어려운 과제를 해결해야 할 거야."

에어로 백작이 자신 있는 목소리로 말했다.

"설마 독가스는 아니겠죠?"

누리가 병을 두 손으로 쥔 채 물었다. 누리의 말에 놀란 매직시스가 병을 든 손을 부들부들 떨었다.

"독은 전혀 없어."

에어로 백작이 상냥하게 미소 지으며 말했다. 결국 누리와 매직시스는 용기를 내어 코르크 마개를 뽑고 병 안의 기체를 힘껏 들이마셨다. 그리고 잠시 후.

"헤헤헤, 기분 좋다."

"호호호, 이런 기분 처음이에요."

두 사람은 덩실덩실 춤을 추며 연신 함박웃음을 지었다. 복권에라도 당첨된 사람들처럼 두 사람의 입은 닫히지 않았고 헤픈 웃음을 남발했다. 방은 두 사람의 웃음소리로 가득 찼다.

"이 기체가 대체 뭐죠? 호호호."

매직시스가 에어로 백작을 보며 여전히 웃음을 참지 못하고 말했다.

"웃음 가스야."

"그런 것도 있어요? 큭큭."

매직시스는 두 팔과 두 다리를 아무렇게나 흔들어대며 배를 잡고 웃었다. 그런데 그만 정신없이 춤을 추던 매직시스가 실수로 벽에 이마를 부딪쳤다.

"하나도 안 아파요. 또 할 수 있어요. 까르르르- 아이, 신나! 이런 기분 처음이야."

매직시스는 벌겋게 부어 오른 이마를 만지며 웃음을 멈추지 않았다. 에어로 백작의 표정이 한층 밝아졌다. 낙천주의자인 그는 사람들의 웃음을 보지 않으면 불안해지는 성격이었다. 누리와 매직시스의 어설픈 춤과 숨넘어가는 웃음은 그 후로도 한 시간 동안 지속되었다.

한참 후, 점점 웃음소리가 줄어들더니 웃음 가스가 몸에서 다 빠져나갔는지 두 사람이 웃음을 멈추었다. 매직시스는 그제야 이마에 부풀어 오른 혹을 보고 놀란 모습이었다.

"어머, 이게 뭐야? 우리가 왜 이러고 있죠?"

매직시스가 이마의 혹을 문지르며 누리에게 물었다.

"우리가 마신 기체는 아산화질소일 거예요. 질소원자 2개와 산소원자 1개가 결합된 화합물이죠. 이 기체를 마시면 신경계에 영향을 미쳐 나른한 기분이 되고 저절로 웃음이 나오게 돼요. 그래서 옛날에는 이 기체를 마취제로 사용하기도 했어요."

누리의 설명에 에어로 백작은 잔뜩 긴장한 듯 했다. 속으로는 '대단한 놈이군' 이라고 중얼거리는 것 같았다.

잠시 후 에어로 백작이 자리에서 일어나더니 호루라기를 불었다. 순간 의자가 다시 연기처럼 흐물흐물해지더니 호루라기 속으로 빨려 들어갔다. 누리와 매직시스는 꼼짝없이 엉덩방아를 찧고 말았다. 누리는 어이없는 표정으로 에어로 백작을 노려보았다.

"재밌어. 난 사람들을 골탕 먹일 때마다 짜릿한 쾌감을 느껴."

에어로 백작이 바닥에 넘어져 있는 두 사람을 번갈아 보며 신이 나서 웃고 있었다.

"이제 대결을 해야지. 그게 너희들이 원하는 거잖아?"

"좋아요. 빨리 해요. 당신의 코를 납작하게 해 주겠어요."

누리가 목에 핏대를 세우며 말했다.

"좋아. 그럼 게임은 풍선 축구로 하지."

"어떻게 하는 거죠?"

"간단해. 입으로 풍선을 불어서 상대방 골대로 밀어 넣는 거야. 전후반 없이 10분 동안. 어때?"

"자신 있어요!"

누리가 비장한 목소리로 말했다. 에어로 백작은 실실 웃으며 마법으로 풍선 축구장을 만들었다. 축구장은 가로 1미터, 세로 2미터 정도 크기의 직사각형 모양에 양쪽 끝에는 풍선 두 개 정도가 들어 갈 수 있는 골대가 있었다. 풍선이 밖으로 날아가지 않게 사방은 15센티미터의 벽으로 둘러싸여 있었다.

"이제 풍선만 있으면 되겠군."

에어로 백작이 호루라기를 불자 축구공 모양의 작은 풍선 하나가 나타났다. 에어로 백작은 풍선을 중앙에 놓고 누리의 골대 쪽으로 다가가 골대를 손으로 쥐더니 뭐라고 알아들을 수 없는 소리로 중얼거렸다.

"백작이 뭘 하는 거죠?"

매직시스가 걱정스런 눈빛으로 물었다.

"글쎄요."

누리도 백작이 자신의 골대를 만지는 이유가 궁금했다. 골이 많이 들어가라고 기도를 하는 건지 어떤 조작을 하는 건지 알 수가 없었다. 혹시라도 부정행위가 있을까 누리와 매직시스는 에어로 백작의 행동을 유심히 지켜보았지만 그가 골대에서 손을 뗀 후에도 골대의 모습은 변함이 없었다.

드디어 경기가 시작되었다. 누리는 백작의 골대를 향해, 백작은 누리의 골대를 향해 있는 힘껏 풍선을 불었다. 아무래도 백작의 입김이 더 셌는지 풍선이 누리의 진영으로 굴러왔다. 백작은 더욱 힘을 내서 풍선을 골대 쪽으로 불었다. 누리가 막아보았지만 백작의 입김은 보통이 아니었다. 그러나 다행히도 누리의 골대 쪽으로 힘차게 굴러 가던 풍선은 골대 앞에서 힘이 약해졌고 누리는 잽싸게 풍선을 옆으로 밀어내기 위해 입 안 가득 숨을 들이마셨다. 바로 그때 이상한 일이 벌어졌다. 거의 멈추기 직전 이었던 풍선이 갑자기 누군가에 의해 큰 힘으로 당겨지는 것처럼 골대 안으로 빨려 들어가는 것이 아닌가. 마치 성간물질이 블랙홀에 빨려드는 것 같은 모습이었다.

I : 0

백작이 앞서갔다. 다시 풍선을 중앙에 놓고 누리가 공격을 시작했다. 백작은 다시 강한 입김으로 누리로부터 풍선을 빼앗아 골대 쪽으로 풍선을 날려 보냈다. 이번에도 풍선은 보기 좋게 골대로 빨려 들어갔다. 더욱 신기한 것이 이번에는 풍선이 골대를 벗어나 전혀 다른 방향으로 가고 있었는데 갑자기 골대 쪽으로 크게 곡선을 그리며 활처럼 휘어져 들어간 것이었다.

"끼야- 바나나킥이다!"

백작은 어린아이처럼 신난 표정으로 축구장 주위를 한 바퀴 돌며 세리머니를 했다. 누리는 골대 안에서 풍선을 빼내며 분명 뭔가가 잘못되었다고 생각했다. 그리고 백작에게 작전타임을 요청했다. 남은 시간은 3분. 백작은 두 골을 넣고 승리를 확신했는지 누리의 제안을 받아들였다.

"풍선에 무슨 문제가 있어요?"

매직시스가 걱정스러운 표정으로 다가와 물었다.

"풍선 안에 공기가 아닌 다른 것이 들어있는 것 같아요."

누리가 고개를 흔들며 말했다.

"그게 뭐죠?"

"산소가 들어 있는 게 틀림없어요."

"네? 산소라면 공기 속에도 들어 있잖아요?"

"물론 공기의 약 80%는 질소이고, 19% 정도는 산소예요. 나머지 1%는 아르곤이나 이산화탄소, 수증기 같은 기체들이고요.

하지만 저 풍선 안에는 100% 산소만 들어있어요."

"산소만 있으면 뭐가 다른가요?"

매직시스가 잘 이해가 되지 않는 듯 고개를 갸우뚱거렸다.

"산소는 상자성을 가지고 있어요."

"상자……성? 그게 뭐죠?"

"자석에 달라붙는 성질 말이에요. 백작이 우리 골대를 만지작거리면서 골대 뒤쪽을 자석으로 변하게 한 것 같아요. 그러니까 산소를 채운 풍선이 우리 골대 근처로만 가면 자석의 당기는 힘 때문에 저절로 골인이 된 거예요."

"그럼 우리가 무조건 지는 거잖아요!"

매직시스가 분하다는 듯 눈을 크게 뜨고 얼굴을 찡그렸다.

"눈에는 눈, 이에는 이죠."

누리는 씨익 미소를 지으며 백작을 노려보았다. 누리의 눈빛이 예사롭지 않아 보였다. 눈빛이 하도 강렬해 매직시스조차 잠시 공포심을 느낄 정도였다. 그리고 잠시 후 누리의 얼굴이 다시 부드러워지더니 입가에 미소를 띠었다. 백작을 이길 수 있는 작전이 생각난 듯 했다.

누리가 매직시스에게 귓속말을 하자 매직시스의 얼굴이 환해지며 고개를 끄덕였다. 다시 경기가 시작되었다.

누리가 정중앙에 풍선을 놓고 있는 힘을 다해 풍선을 불자 풍선이 백작의 진영으로 굴러갔다. 매직시스는 백작의 골대 뒤에서 '슛, 골인!'을 연호하며 누리를 응원하는 척 했다. 그리고 잠시 후, 매직시스는 누리가 시킨 대로 마법을 사용하여 초강력 자석을 만들어 백작의 골대 뒤에 몰래 붙여 놓았다. 매직시스의 자석은 누리의 골대 뒤에 붙은 자석의 열 배 이상 강해 백작의 진영에 들어간 풍선이 절묘한 중거리 슛처럼 골대로 빨려 들어갔다. 무지무지 빠르고 정확한 슛이었다. 누리는 매직시스에게 슬쩍 윙크를 날렸다. 매직시스도 누리를 향해 '화이팅!'을 외치며 윙크로 화답했다.

백작은 풍선을 골대에서 꺼내며 골난 표정으로 자신의 골대를 응시했다. 뭔가 조작이 있다는 것을 직감했지만 자신이 먼저 부정행위를 한 터라 뭐라고 말할 형편이 못 되었다.

백작은 다시 마음을 가다듬고 풍선을 정중앙에 놓았다. 그리고 온 힘을 다해 풍선을 불기 위해 입 안 가득 공기를 들이마셨다. 그런데 바로 그때, 풍선이 슬금슬금 백작의 진영으로 미끄러지더니 다시 강력한 중거리 슛이 되어 골대로 빨려 들어갔다.

2 : 2

백작은 어이없는 표정이었다. 이제 남은 시간은 30초. 한 골만 더 넣으면 이긴다는 생각에 두 사람은 죽을힘을 다해 풍선을 불어댔다.

"집에 가야해!"

누리가 큰소리로 외치며 젖 먹던 힘까지 다해 풍선을 불었다. 풍선이 백작의 진영으로 굴러갔다. 굴러간 방향은 골대와 거리가 먼 방향이었지만 이번에도 역시 골대에 붙어있는 초강력 자석의 힘으로 풍선은 커다란 원호를 그리며 골대 안으로 빨려 들어갔다.

3 : 2

통쾌한 역전승이었다. 드디어 경기가 끝나고 에어로 백작은 매우 지친 표정으로 털썩 자리에 주저앉았다. 그리고 곧 백작은 순순히 자신의 패배를 인정하고 어느새 연기처럼 사라졌다.

13. 열세 번째 고수
샤르르 백작The Count of Sharrr……- 기체의 성질

"그래, 바로 그 성질을 이용해서 강을 건너도록 해봐. 참고로 말하겠는데 강물의 온도는 80도 정도야. 그냥 뛰어들었다간 큰 화상을 입게 될거야. 필요한 건 얼마든지 이용해도 돼. 단, 반드시 공기의 성질을 이용해야 해. 그렇지 않으면 너희들이 대결에서 진 걸로 할 테야."

열세 번째 고수
샤르르 백작The Count of Sharrr······─ 기체의 성질

"화학자의 참된 임무는
물질의
성분과
조성을
밝히는 데 있다."

─ 로버트 보일

다시 들어간 성 안은 커다란 도서관이었다. 사방에는 책이 빽빽하게 꽂혀있는 책꽂이들이 있었고 중앙에는 대여섯 사람이 앉을 수 있는 오래된 나무 테이블과 의자가 놓여 있었다.

"우와! 책이 많아요."

독서광인 누리가 감탄한 듯 말했다. 매직시스도 두리번거리며 엄청난 양의 책에 놀란 표정이었다. 누리는 벽으로 걸어가 책 한 권을 꺼냈다. 책의 제목은《기체의 성질》이었다. 생각 없이 아무 쪽이나 책을 펼쳤더니 다음과 같은 내용이 적혀 있었다.

〈샤를의 법칙〉
압력이 일정할 때
모든 기체는
온도가 높아질수록
부피가 커진다.

"크크크, 이건 누구나 다 아는 건데. 지나가는 강아지도 알 걸."

누리가 낄낄대며 웃었다.

"내가 개만도 못하다는 얘기에요?"

등 뒤에서 앙칼진 매직시스의 목소리가 들렸다. 매직시스는 샤를의 법칙을 한 번도 들어 본 적이 없었다.

"그, 그게 아니라…… 쩝."

누리가 얼버무렸지만 매직시스는 여전히 뾰로통한 표정이었다. 그때 갑자기 한쪽 벽에서 연기가 피어오르기 시작했다.

"어마, 불이 났어요!"

매직시스가 황급히 소리쳤다. 책을 뒤적거리고 있던 누리의 눈동자가 휘둥그레졌다.

"불이다!"

누리의 목소리가 떨렸다. 연기는 점점 차오르기 시작해 방 전체를 가득 메웠다.

"이러다 질식해 죽겠어요."

매직시스가 떨리는 목소리로 말했다.

"맞아요. 물질이 타는 것은 물질이 공기 중의 산소와 결합하는 거예요. 그럼 공기 중의 산소 농도가 낮아져 저산소증으로 호흡을 못해 우린 죽게 될 수도 있어요."

"으- 지금 그런 게 중요한 게 아니라……."

매직시스는 법석을 떨어도 시원찮은 상황에 과학적 설명을 하고 있는 누리에게 짜증이 났다. 그때 갑자기 어디선가 굵직한 목소리가 들렸다.

"뒤를 돌아보면 구멍이 있을 것이다. 그 구멍으로 들어가면 지하로 연결된다."

"어디서 나는 소리죠?"

누리가 주위를 두리번거려 보았지만 연기 때문에 아무것도 볼수 없었다. 누리는 시키는 대로 뒤를 돌아보았다. 과연 벽에는 동그란 뚜껑이 있었다. 뚜껑을 조심스럽게 잡아당기자 아래로 내려가는 통로가 나타났다. 그 길은 정상적인 통로라기보다는 출렁거리는 포대자루로 만들어진 듯 했다.

"일단 내가 먼저 미끄러져 내려갈 테니 뒤따라와요. 연기가 못 들어오게 문을 꼭 닫고 내려와야 해요."

누리는 고개를 돌려 매직시스에게 말하고 통로로 미끄러지듯 내려갔다. 매직시스도 누리의 뒤를 따라 구멍으로 들어가며 힘주어 뚜껑을 닫았다. 통로와의 마찰열로 인해 엉덩이가 조금 뜨끈뜨끈하긴 했지만 화상을 입을 정도는 아니었다. 조금 내려가자 이상하게도 통로가 점점 몸을 조이는 느낌이었다.

"왜 이렇게 끼이는 느낌이 들지?"

누리는 양손을 다리에 바짝 붙여 단면적을 최소화해 보았다. 하지만 통로가 너무 좁아서 속도가 느려지더니 결국 어느 지점에 이르자 통로 사이에 끼어 옴짝달싹도 못하는 모양이 되었다. 그때 '쿵' 하는 소리가 들리더니 뒤따라온 매직시스와 누리가 하나가 되었다. 두 사람은 더 이상 아래로 내려갈 수도 없고 연기 때문에 위로 올라갈 수도 없는 진퇴양난의 기로에 놓였다. 두 사람은 걱정스런 표정으로 서로의 얼굴을 바라보았다. 하지만 좀처럼 뾰족한 수가 떠오르지 않았다.

"어떻게 좀 해봐요."

매직시스가 보채 듯 말했다.

"이산화탄소를 만들 수 있어요?"

누리가 등 뒤에 대고 소리 쳤다.

"이산화탄소는 기체잖아요? 저는 기체를 만들 수 있는 마법을 아직 배우지 못했어요. 에어로 백작이라면 몰라도……."

매직시스는 금방이라도 울 것 같은 목소리로 말했다.

누리는 눈을 지그시 감고 자신이 알고 있는 모든 과학적인 지식을 떠올렸다.

"그래, 바로 그거야!"

누리가 갑자기 소리쳤다. 그리고 매직시스에게 베이킹파우더와 식초를 가능한 많이

만들어 달라고 부탁했다. 매직시스는 마법으로 커다란 베이킹파우더 포대와 식초가 담긴 큰 병을 만들었다.

"베이킹파우더를 뒤쪽에 뿌려요!"

누리가 소리쳤다. 매직시스는 포대를 뜯어 자신의 뒤에 베이킹파우더를 수북이 쌓았다.

"이제 됐어요. 식초를 베이킹파우더에 부어요."

누리가 다급한 목소리로 말했다. 이번에도 역시 매직시스는 누리가 시키는 대로 수북이 쌓인 베이킹파우더 위에 식초를 가득 부었다.

잠시 후, 부글거리는 소리가 들리더니 누군가 두 사람을 큰 힘으로 미는 듯한 느낌이 들었다. 그 힘으로 인해 조여진 포대 같던 통로가 벌어지면서 두 사람은 아래로 미끄러져 내려갔다.

"어떻게 한 거죠?"

매직시스가 물었다.

"베이킹파우더와 식초가 반응하면 이산화탄소가 만들어져요. 갑작스런 기체의 압력 때문에 우리가 낀 자루에서 탈출할 수 있었던 거예요."

누리가 설명하는 사이 통로의 끝이 보이기 시작했다.

"끼야! 빠져나왔어요!"

매직시스가 어린아이처럼 신난 표정으로 소리쳤다. 통로를 빠져 나온 두 사람은 주위를 둘러보았다. 지하실인 줄 알았는데 두 사람의 눈앞에 작은 강이 보였다. 그 강은 폭이 5m쯤 되어 보였는데 강에서는 뜨거운 증기가 모락모락 피어오르고 있었다. 두 사람의 뒤로는 높이가 1m가 넘는 갈대밭이 바람에 흔들거리며 춤을 추고 있었다.

"어디로 가야하죠?"

매직시스가 약간 두려운 듯한 목소리로 물었다.

"글쎄요. 이 강을 건너가기는 힘들 것 같아요. 깊이는 모르겠지만 꽤 뜨거운 것 같거든요."

누리가 왼손으로 턱을 받치며 심각한 표정으로 말했다. 그때 두 사람의 머리 위가 점점 어두워지기 시작했다. 위를 올려다보니 둥그런 물체였다. 그 물체는 두 사람을 향해 내려오면서 점점 반지름이 커졌다. 가까이 보니 그것은 열기구였다. 잠시 후 열기구가 바닥에 사뿐히 내려앉고 한 남자가 기구에서 내렸다.

"나는 샤르르 백작이다. 기체의 성질을 연구하는 과학 고수지."

남자가 가느다란 목소리로 말했다. 나이는 30대인지 40대인지 가늠하기 힘들었고 얼굴은 여자처럼 곱상하게 생긴 남자였다. 그래서인지 남자의 목소리도 여자의 목소리처럼 고왔다.

"여자예요? 남자예요?"

매직시스가 신기한 듯 샤르르 백작을 바라보며 말했다. 그러자

샤르르 백작

남자인지, 여자인지,
30대인지, 40대인지
알 수 없는
오묘한 외모

쫄쫄이 스타킹

샤르르 백작이 온화한 미소를 거두고는 매직시스를 째려보았다.

"난 남자야. 누가 나를 여자라고 하는 거야. 미워!"

'웩!!'

샤르르 백작은 마치 여자아이가 앙탈을 부리듯 팔을 앞뒤로 흔들며 말했다. 누리아 매직시스의 속이 뒤집어지는 것 같았다. 백작은…… 다소 모자라거나 아니면 철이 없는 것 같았다. 하지만 누리는 긴장의 끈을 놓지 않았다. 지금까지 과학 고수와의 대결에서 모두 이겼지만 성주를 만나기 위해서는 아직 몇 명의 고수와 더 겨루어야 하는지 모르기 때문이었다.

"문제를 내 주세요."

누리가 샤르르 백작을 응시했다.

"좋아. 나도 열기구 모임에 참석해야 해서 시간이 별로 없어. 열기구란 참 편리해. 그런데 열기구가 어떻게 하늘을 나는지 알고 있어?"

샤르르가 누리에게 물었다.

"열기구 속에는 공기가 채워져 있어요. 공기를 가열하면 공기가 뜨거워지면서 부피가 커지지요. 그러면 주위의 공기보다 밀도가 작아져요. 밀도가

작은 뜨거운 공기는 밀도가 큰 주위 공기보다 위로 올라가려는 성질이 있어요. 그래서 열기구가 하늘로 올라 갈 수 있지요."

누리가 똑 소리 나게 대답했다.

"오호! 대단해. 소문대로야."

샤르르 백작은 이미 다른 과학 고수들로부터 누리에 대한 소문을 들은 듯 했다.

"그래. 바로 그 성질을 이용해서 강을 건너도록 해봐. 참고로 말하겠는데 강물의 온도는 80도 정도야. 그냥 뛰어들었다간 큰 화상을 입게 될 거야. 필요한 건 얼마든지 이용해도 돼. 단, 반드시 공기의 성질을 이용해야 해. 그렇지 않으면 너희들이 대결에서 진 걸로 할 테야."

샤르르 백작은 이렇게 말하고 다시 기구에 불을 붙였다. 기구가 부풀어 올라 탱탱해지면서 위로 올라갔다. 누리와 매직시스는 말없이 샤르르 백작을 올려다보았다.

기구가 5m정도 올라갔을 때 샤르르 백작이 음흉한 웃음을 지으며 오른손 집게손가락으로 갈대밭 중앙을 가리켰다. 붉은 한 줄기 빛이 레이저 빔처럼 갈대숲으로 뻗어 나가더니 순식간에 갈대밭은 불바다가 되었다. 바람이 갈대숲에서 강 쪽으로 불고 있어 삽시간에 갈대숲의 불은 누리와 매직시스 쪽으로 넘실대며 다가왔다.

"이런, 또 불이 났어요."

매직시스가 떨리는 목소리로 말했다.

"고무보트가 필요해요!"

누리가 황급히 소리쳤다.

"아, 점점 어려운 걸 주문하는군요."

매직시스는 온 정신을 집중해 침착하게 주문을 외웠다. 그리고 잠시 후 두 사람 앞에 고무보트가 나타났다. 하지만 탱탱하게 부풀어 오른 고무보트가 아니라 바람이 다 빠져버려 쪼그라든 고무보트였다.

"공기가 안 채워져 있잖아요?"

누리가 약간 짜증 섞인 목소리로 매직시스를 다그쳤다.

"기체는 불러올 수 없다고 했잖아요!"

매직시스가 따지 듯 말했다. 그제야 누리도 매직시스의 마법으로는 고체나 액체 상태의 물질은 만들 수 있어도 기체 상태의 물질은 만들 수 없다는 사실이 떠올랐다.

"어쩌죠? 제가 불어 볼까요?"

매직시스는 고무보트의 바람을 주입하는 구멍을 찾으려 했지만 잘 보이지 않았다.

"그럴 시간이 없어요. 조금 있으면 우리가 있는 곳도 불바다가 될 거예요. 샤를의 법칙을 써야겠어요."

누리는 잠시 팔짱을 끼고 생각을 정리하는 듯 하더니 매직시스에게 고무보트 드는 것을 도와달라고 했다. 두 사람은 쪼글쪼글해진 고무보트를 들고 강 가까이 가 뜨거운 증기가 피어오르는 강에 힘차게 던졌다. 잠시 후 고무보트가 점점 부풀어 오르더니 탱탱하게 제 모습을 찾았다. 뜨거운 물이 전해준 열이 보트에 공급되어 보트 안 공기의 온도가 올라가 공기의 부피가 커졌기 때문이었다.

두 사람은 잽싸게 보트에 올라탔다. 그리고 있는 힘껏 노를 저었다. 강폭은 5m정도 밖에 안 되었지만 강물이 흐르고 있어서 보트가 비스듬하게 진행했기 때문에 그보다는 더 긴 거리를 저어가야 했다. 두 사람은 뜨거운 증기 사이를 헤치고 간신히 강 건너에 도착했다. 어느 새 두 사람 앞에는 다시 과학의 성이 모습을 나타냈다.

메탈리카Metalica - 금속의 산화

"과학의 성에 문제가 생겼네.
성주님의 동상을 야외에 설치해야 하는데 성주님은 동상을 철로 만들
라고 하시네. 그런데 철은 녹이 잘 슬지 않는가? 동상이 녹슬면 성주님
이 화를 내실 게 뻔한데, 좋은 방법이 없겠나?"

메탈리카Metalica - 금속의 산화

모든 금속은
녹슨다.
녹스는 것을 다른 말로
산화라고 하는데
이것은 금속이
공기 중의 산소와
결합하는 과정이다.
금속이 공기가 없는 달에 있다면
영원히
녹슬지 않을 것이다.

이번에 들어간 성 안은 모든 것이 금속으로 이루어져 있었다. 세 벽면에는 철제 붙박이 책꽂이가 있고 홀의 중앙에는 커다란 철제 테이블이 놓여 있었다. 테이블에는 네 개의 철제 의자가 서로 마주보고 있었다.

"철공소에 온 것 같아요."

누리가 철제 의자에 털썩 앉으며 말했다. 매직시스는 주위를 두리번거리다가 아무도 없는 걸 확인하고는 누리의 옆자리에 앉았다. 철제 의자라 그런지 돌바닥에 앉은 것처럼 딱딱해 엉덩이가 불편했다. 항상 그랬듯이 요맘때쯤이면 새로운 과학 고수가 나타날 것이었다. 누리는 주변을 경계하며 새로운 고수를 기다렸다. 아니나 다를까 두 사람이 의자에 앉은 지 5분도 채 지나지 않아 두 사람 맞은편의 의자 하나가 꿈틀거리기 시작했다.

"어마, 의자가 움직여요!"

매직시스가 신기함 반 두려움 반인 표정으로 누리를 바라보았다. 누리도 경계를 늦추지 않고 의자를 응시했다. 꿈틀대던 의자의 다리가 점점 길어지더니 두 개의 다리는 팔이 되고 나머지는 다리가, 등받이는 몸통이 되었다. 그리고 등받이의 위쪽 가운데 부분이 볼록하게 부풀어 오르더니 얼굴이 되었다. 마치 트랜스포머의 한 장면을 보는 듯 했다.

"반가워."

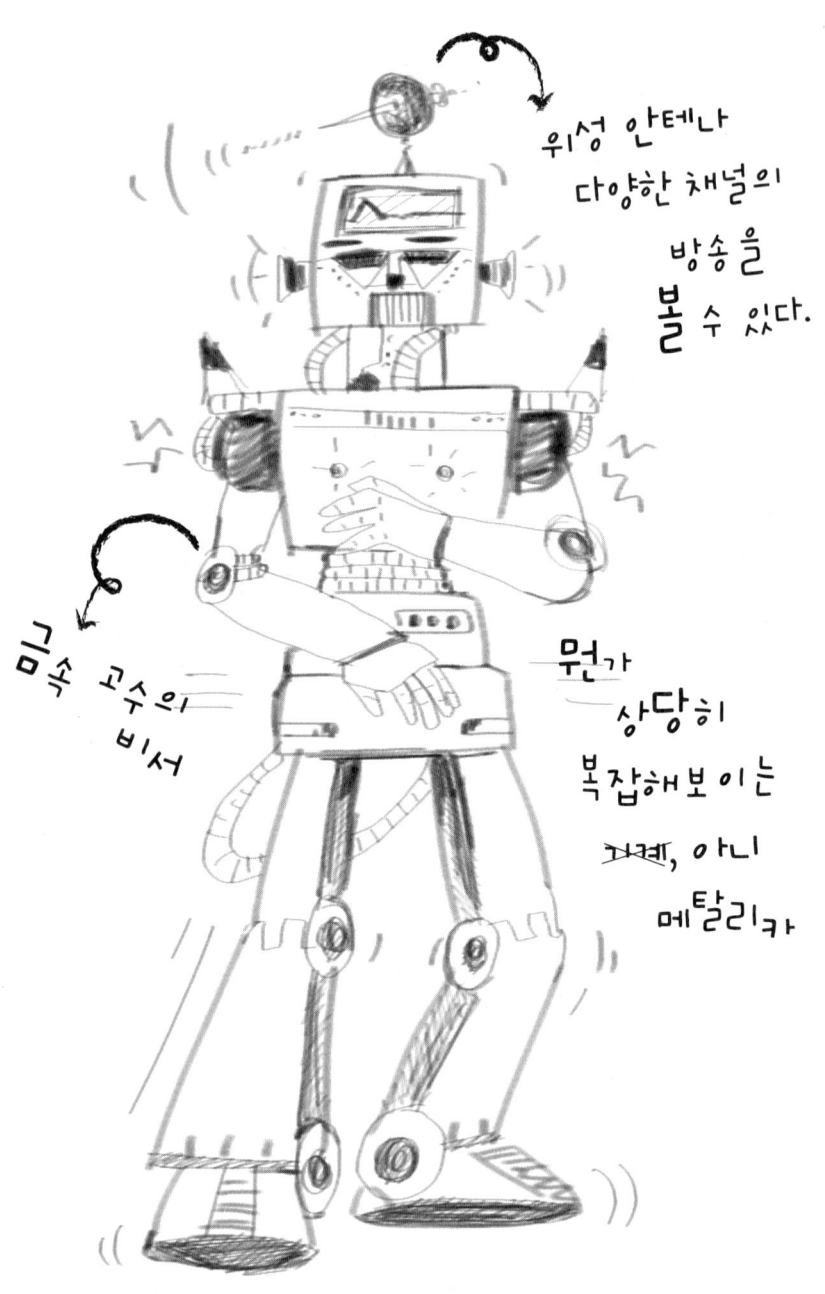

위성 안테나
다양한 채널의
방송을
볼 수 있다.

금속 고수의
비서

뭔가
상당히
복잡해보이는
기계, 아니
메탈리카

온몸이 철로 이루어진 사내가 카랑카랑한 목소리로 말했다.

"누구……?"

"나는 금속 고수의 비서인 메탈리카야. 고수님은 지금 출장 중이라 내가 대신 너희들을 상대하게 됐지. 너희들이 과학의 도사라며?"

메탈리카가 두 사람을 번갈아보며 말했다.

"헤헤, 저는 아니에요."

매직시스가 쑥스러운 듯 재빨리 손을 내저으며 말했다. 메탈리카의 시선이 누리에게 꽂혔다.

"그럼 너야?"

"제가 한 과학 하죠."

누리가 살짝 건방진 투로 거드름을 피우며 말했다. 지금까지의 결과를 보면 누리는 충분히 그럴 자격이 있었다. 누리는 속으로 금속 고수가 아닌 그의 비서 정도가 자기를 상대한다는 것에 가소로운 생각이 들었다. 그래서인지 다른 고수를 만날 때와는 달리 조금도 떨지 않았다.

"건방진 놈이군. 그래 얼마나 잘 하나 두고 보자."

메탈리카가 씩씩거리며 말했다. 메탈리카는 자신의 왼손 손목에 툭 튀어 나와 있는 버튼을 오른손으로 눌렀다. '위-잉' 소리를 내면서 창문을 가리고 있던 블라인드가 자동으로 올라가자 눈부신 햇살이 방으로 쏟아져 들어왔다. 철제 가구들이 햇살을 받아 반짝거리고 있었다. 메탈리카는 빛을 받아 반짝거리는 창틀을 가리키며 말했다.

"이번에 창틀을 모두 알루미늄으로 바꿨어. 알루미늄은 녹이 슬지 않으니까 영원히 빛나거든."

"녹이 안 슨다고요?"

누리가 따지 듯 반문하자 메탈리카는 어리둥절해 하며 당연한 걸 왜 물어보느냐는 표정이었다.

"알루미늄은 녹이 안 슬어. 배워, 배워서 남 주니?"

메탈리카가 짜증 섞인 목소리로 말했다.

"왜 그렇게 생각하는 거죠?"

누리가 다시 물었다.

"색깔이 안 변하잖아."

"아니에요."

"그럼 녹이 슨단 말이야?"

"물론이죠. 금속이 녹스는 건 금속이 공기 중의 산소와 결합하기 때문이에요. 이걸 산화라고 하지요. 철이 산화되면 녹슨 철이 되는데 그것을 산화철이라고 해요. 알루미늄도 철 못지않게 산화가 잘 돼 녹슨 알루미늄인 산화알루미늄이 돼요."

누리가 또박또박 설명했다. 메탈리카는 못 믿겠다는 표정을 짓더니 창틀에 눈을 가까이 붙이고 한참을 들여다보다가 고개를 홱 돌리며 말했다.

"그럴 리가 없어! 녹슨 흔적이 없는 걸."

"산화알루미늄의 막 때문이에요. 알루미늄이 녹슬면 표면에 산화알루미늄의 막이 만들어져요. 이 막은 단단해서 그 안에 있는 알루미늄이 녹스는 걸 막아줘요. 또, 이 막은 투명하기 때문에 안에 있는 알루미늄이 그대로 보여 마치 녹슬지 않은 것처럼 보이는 것뿐이에요."

누리의 설명에 메탈리카는 창틀에서 시선을 떼고 잠시 아무 말도 하지 않았다. 속으로는 '듣던 대로 대단한 놈'이라고 중얼거리는 듯 했다. 아무래도 자신의 실력으로는 당해내기 벅찬 상대라는 생각을 하고 있는 것 같았다. 메탈리카는 철제 책꽂이 쪽으로 걸어가더니 맨 윗칸에서 서류봉투 하나를 집어 두 사람에게 건넸다.

"이게 뭐죠?"

누리가 의심스러운 표정으로 물었다.

"금속 고수님이 너희들에게 전해주라고 한 쪽지야. 내용은 나도 몰라. 너희들이 직접 열어보든지 말든지."

메탈리카는 퉁명스럽게 말하며 누리에게 던지듯 편지를 건넸다.

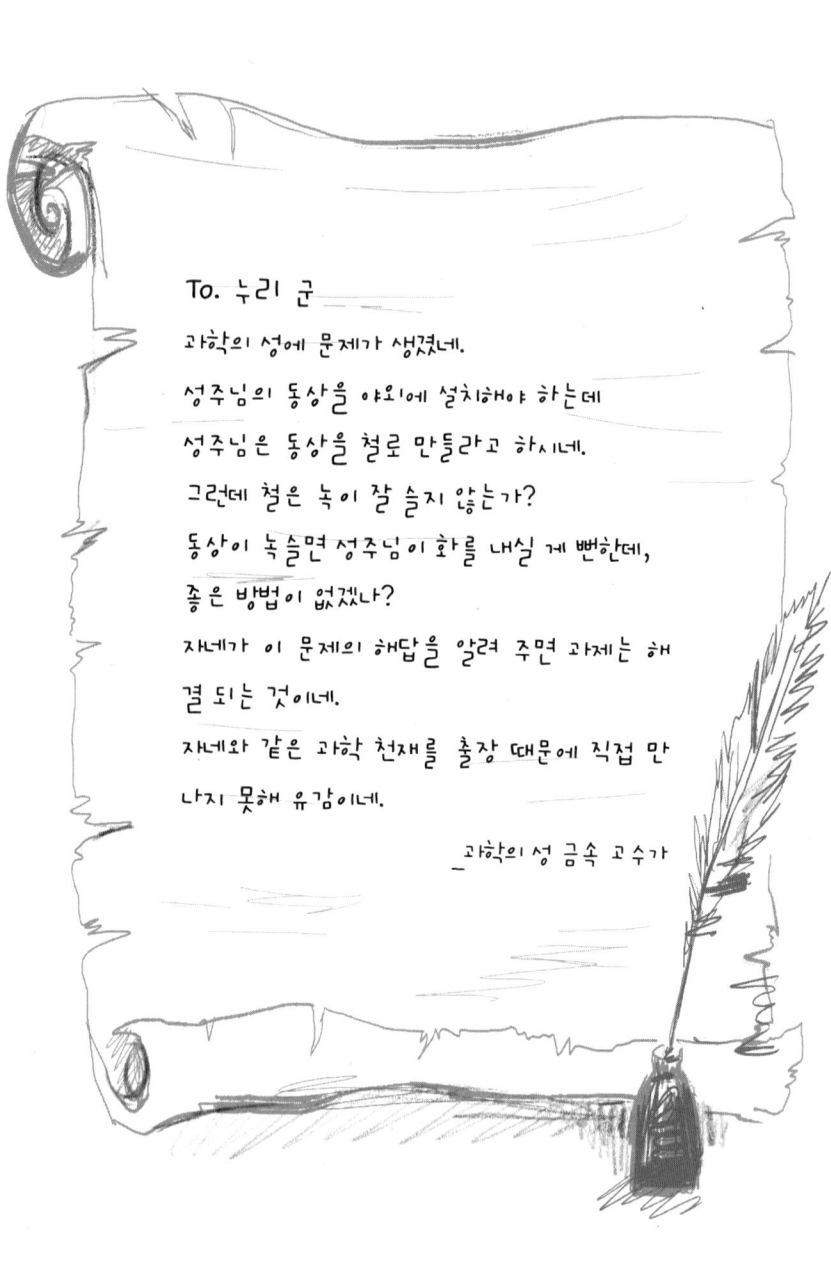

To. 누리 군

과학의 성에 문제가 생겼네.

성주님의 동상을 야외에 설치해야 하는데

성주님은 동상을 철로 만들라고 하시네.

그런데 철은 녹이 잘 슬지 않는가?

동상이 녹슬면 성주님이 화를 내실 게 뻔한데,

좋은 방법이 없겠나?

자네가 이 문제의 해답을 알려 주면 과제는 해

결 되는 것이네.

자네와 같은 과학 천재를 출장 때문에 직접 만

나지 못해 유감이네.

_과학의 성 금속 고수가

"철을 녹슬지 않게 하려면 공기가 없어야 하잖아요?"

편지를 함께 읽던 매직시스가 누리를 쳐다보며 물었다.

"그것도 한 가지 방법이죠. 하지만 지구에서 공기를 없앨 수는 없어요. 달이라면 몰라도……."

누리는 잠시 말을 멈추고 몸을 등받이에 기댄 후 두 팔로 머리를 받쳤다. 그리고 잠시 동안 깊은 생각에 잠겼다. 이런 행동은 누리가 생각을 정리할 때 흔히 하는 행동이었다.

"그래, 그러면 돼!"

그리고 잠시 후 누리가 의자에서 벌떡 몸을 일으키며 갑자기 소리쳤다. 메탈리카와 매직시스가 깜짝 놀라 눈을 동그랗게 뜨고 누리를 쳐다보았다.

"어떤 방법이지?"

메탈리카가 궁금증을 참지 못하고 물었다. 아까보다 훨씬 공손해진 목소리였다. 누리가 과학에서만큼은 자신보다 고수임을 인정하는 듯 했다.

"금속의 반응성을 이용하면 돼요."

누리가 자신있게 말했다.

"그게 뭔데?"

"금속의 산화는 금속이 공기 중의 산소와 수분에 의해 금속이 온이 되는 과정이에요. 이때 금속은 전자를 내놓고 양이온이 되지요. 이렇게 양이온이 된 금속이온이 산소와 결합해 화합물을 만드는 거예요. 그런데 금속마다 전자를 잘 내놓는 것도 있고 그렇지 않은 것도 있어요. 예를 들어 마그네슘 같은 금속은 철 보다 전자를 훨씬 잘 내놓는 성질이 있지요. 그러니까 철로 된 성주의 동상을 금속선을 통해 지하에 묻어 놓은 마그네슘 덩어리에 연결하면 철 동상은 녹슬지 않아요."

"마그네슘과 연결하면 정말 철이 녹슬지 않아?"

진지한 표정으로 누리의 말을 듣고 있던 메탈리카가 물었다.

"철보다는 마그네슘이 훨씬 더 전자를 잘 내놓기 때문에 철은 녹슬지 않고 마그네슘이 녹슬게 돼요. 하지만 마그네슘이 전부 녹슬고 나면 그 다음에는 철이 녹슬게 되니까 가능하면 엄청 큰 마그네슘 덩어리를 연결하는 게 좋겠죠."

누리의 말에 고개를 끄덕이던 메탈리카는 누리가 제시한 해법을 정리하여 전파신호로 바꾸기 시작했다. 그리고 자신의 머리 위에 설치된 위성 송신 장치를 통해 누리의 해법을 금속 고수에게 전달했다. 잠시 후, 금속 고수로부터 온 메시지가 메탈리카의 이마에 있는 액정화면에 나타났다.

Thank you! You Win!

추아케Chooake - 알칼리 금속

"추아케는 이웃나라에 사는 성질이 고약한 마법사예요. 그는 생긴 것도 흉측하고 성질도 못되어 여자들에게 항상 퇴짜를 맞았는데 매시아 공주도 그중 하나였지요. 앙심을 품은 추아케가 약혼식 날 매시아 공주에게 마법을 걸었어요."

추아케Chooake ─ 알칼리 금속

리튬,
나트륨,
칼륨과 같은 금속은
주기율표 1족에 속한다.
이들 금속을
알칼리 금속이라고 부르는데
물이 묻은 손으로
이 금속을 만지면
폭발하는
무시무시한 금속이다.

"저게 뭐지?"

누리가 깜짝 놀란 표정으로 말했다. 다시 나타난 성 안으로 들어가자 두 사람 앞에 거대한 호수가 펼쳐졌고 호수의 한가운데에는 동그란 섬 하나가 있었다. 섬에도 성이 하나 있는 듯 했지만 거리가 너무 멀어 제대로 보이지 않았다.

"매직시스, 망원경 좀 부탁해요."

누리의 말에 매직시스는 고개를 끄덕였고 곧이어 망원경 하나가 나타났다. 매직시스로부터 망원경을 건네받아 섬을 보던 누리의 얼굴이 샛노랗게 변하기 시작했다.

"무슨 일이에요?"

매직시스가 누리의 몸을 흔들며
말했다. 누리는 얼음장처럼 차갑
게 굳어있었다.

"과학의 성……."

누리가 말을
더듬었다.

"자세히 말해
봐요!"

매직시스가
소리쳤지만 누리는

더 이상 말을 잇지 못했다. 답답한 마음에 매직시스는 누리가 들고 있던 망원경을 빼앗아 섬을 바라보았다. 과연 섬에도 과학의 성이 있었다. 방금 전 두 사람이 들어온 성의 모습과 완전히 똑같은 모습이었다. 즉, 성 안의 성인 셈이었다.

"과학의 성은 복잡한 구조로 연결되어 있는 것 같아요. 아무튼 저 성 안으로 가야 할 것 같은 생각이 들어요."

매직시스가 침착하게 말했다,

"그런 것 같군요."

누리가 힘없는 목소리로 말했다. 누리의 마음도 어느 정도 진정된 듯 했다. 섬까지의 거리는 100m 정도는 되어 보였다.

"수영할 줄 알아요?"

누리가 물었다.

"그건 기본이죠. 이 몸매를 보세요. 이게 다 수영으로 가꾼 재산이죠."

매직시스가 손으로 자신의 옆구리를 가리키며 으스댔다.

"좋아요. 그럼 헤엄쳐서 건너가기로 하죠."

누리는 이렇게 말하고 먼저 호수로 뛰어 들었다. 그 모습을 본 매직시스도 물에 뛰어들어 누리를 뒤쫓았다. 두 사람은 속도는 느리지만 전후좌우를 살필 수 있고 숨쉬기가 편한 개헤엄으로 섬에 다가갔다. 그런데 호수의 중간쯤 되는 위치에 다다랐을 때 매직시스가 소리쳤다.

"저기 좀 봐요!"

다급한 목소리였다. 누리는 매직시스가 손으로 가리키는 곳을 응시했다. 섬 앞 물 위에 조그만 비치 보트가 떠 있고 그 위에 팔이 10개 달린 로봇이 있었다. 로봇의 팔은 제각각 다른 방향을 가리키고 있었는데 팔에서는 무시무시한 광선이 뿜어져 나오고 있었다. 로봇의 몸통이 회전하면서 10개의 팔에서는 마치 등대 불빛 같은 노르스름한 빛이 흘러나왔다. 숨을 쉬기 위해 수면 위로 떠올랐던 물고기가 노란 광선에 맞아 그 자리에서 불타버리는 걸로 봐서 엄청난 파괴력을 가졌음에 틀림없었다. 섬 상륙 작전은 난항을 겪게 되었다.

"50m 정도 잠수 할 수 있어요?"

누리가 매직시스에게 물었다.

"그건 무리에요. 10m 정도면 몰라도."

매직시스가 고개를 절레절레 저으며 말했다. 누리는 잠시 고민에 빠졌다. 이대로 헤엄쳐 가다간 노란광선에 맞아 타 죽을 게 불 보듯 뻔했기 때문이었다. 결국 누리는 로봇을 박살낼 묘안을 찾아보았다.

"그래, 나트륨!"

누리가 갑자기 큰 목소리로 외쳤다.

팔이 10개 달린 로봇.
한마디 대사도 없이
최후를 맞는다……. 흠

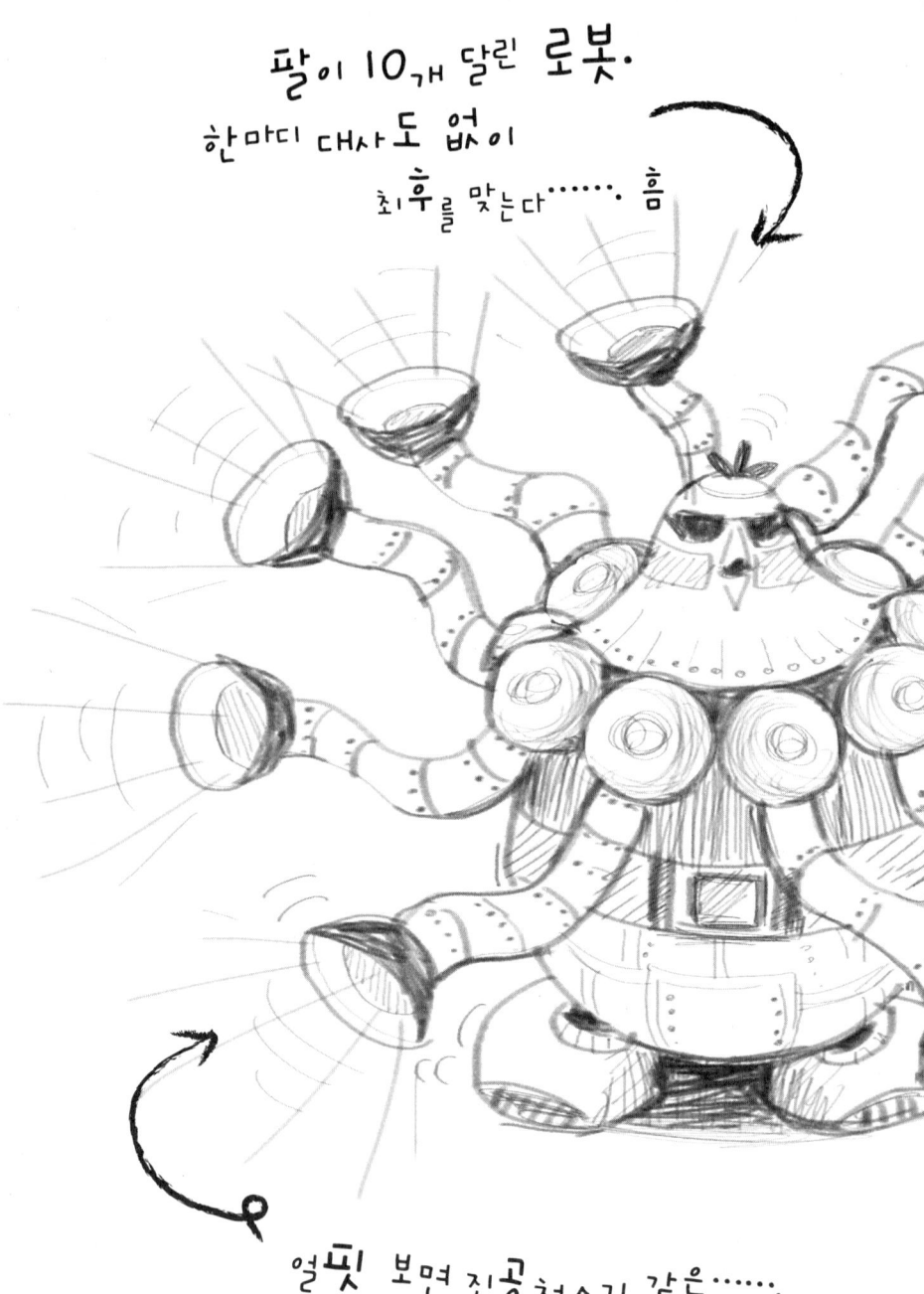

얼핏 보면 진공 청소기 같은……

"나트륨이라면 소금에 들어있는 거 말인가요?"

매직시스가 물었다.

"그건 나트륨과 염소가 결합한 염화나트륨이라는 화합물이에요. 제가 말하는 건 금속 나트륨이에요. 리튬, 나트륨, 칼륨, 루비듐 등을 알칼리 금속이라고 하는데 이 금속들은 재밌는 성질이 있어요."

"왜 알칼리 금속이죠?"

"알칼리 금속은 물에 잘 녹아 수산화리튬, 수산화나트륨 같은 수산화물을 만드는데 이들이 물에 녹아 있으면 강한 알칼리성을 띠기 때문이에요."

"물에 잘 녹는 금속으로 뭘 할 수 있죠?"

매직시스가 고개를 갸웃거렸다.

"이들 알칼리 금속이 물에 닿으면 급격하게 수소를 발생시켜요. 수소는 공기 중의 산소를 만나 급격하게 폭발하죠."

"아하! 수소가 채워진 애드벌룬에 구멍이 나면 폭발한다고 들었어요."

"맞아요. 바로 그 성질을 이용하는 거예요."

"마법으로 나트륨 덩어리를 나오게 할까요?"

매직시스가 누리와 시선을 마주치며 물었다.

"그건 안 돼요. 우리 두 사람 모두 물에 젖어 있잖아요. 손으로 잡는 순간 우리 몸이 산산조각날 텐데요."

누리의 말에 매직시스는 끔찍한 장면이 떠올랐는지 눈을 질끈 감았다.

"그럼 어떡하죠?"

"나트륨 주위에 탄산나트륨의 막이 씌워진 덩어리를 이용하면 될 거예요. 탄산나트륨은 물에 닿아도 폭발하지 않아요. 하지만 어느 정도 시간이 지나면 탄산나트륨의 막이 물에 녹아 그 안의 금속 나트륨이 물과 만나 폭발하지요. 지금 빨리 그것들을 만들어 줘요. 아, 그리고 수중용 순간접착제도요."

누리가 다급한 목소리로 말했다. 매직시스는 누리가 시키는 대로 나트륨 덩어리를 탄산나트륨의 막으로 감싼 것과 수중용 순간접착제를 마법으로 불러냈다. 누리는 그것들을 손에 쥐고 물속으로 잠수해 들어갔다. 잠수로 수십 미터를 갈 수 있었기에 누리는 로봇이 타고 있는 비치 보트 바로 밑으로 접근할 수 있었다. 누리는 수중용 순간접착제를 이용해 탄산나트륨 막이 둘러 싼 나트륨 덩어리를 비치 보트 아래에 고정시켰다. 그리고는 다시 매직시스가 있는 곳으로 되돌아갔다.

"휴-"

누리는 거칠게 숨을 들이 쉬었다. 그리고 씨익 웃으며 매직시스에게 윙크했다. 얼마 후 '펑' 하는 거대한 폭발음이 들리고 비치 보트 위에 있던 열 개의 팔을 가진 로봇이 산산조각이 나면서 공중 분해되었다.

"성공이에요!"

매직시스가 감탄한 눈빛으로 누리를 바라보며 누리와 손바닥을 마주쳤다. 이렇게 해서 두 사람은 무사히 섬에 상륙할 수 있었다.

섬에서 보니 과학의 성은 두 사람이 지금껏 보았던 과학의 성들과 크기나 모양에 있어서 완벽하게 일치했다. 두 사람은 주저하지 않고 성문을 열고 들어갔다. 성은 화려하기가 이를 데 없다. 눈부시게 반짝이는 보석들이 벽 여기저기에 장식되어 있고 홀 바닥에는 반질반질한 대리석이 깔려있었으며 그 위에는 페르시아 융단으로 보이는 카펫이 덮여있었다. 카펫 위에는 얼핏 봐도 어마어마한 가격으로 보이는 호화스런 소파와 테이블이 놓여 있었다. 천장에는 수천 개의 전구에서 빛을 뿜어내는 샹들리에가 매달려 있었다.

"우와, 너무 아름다워요!"

매직시스가 감탄한 듯 소리쳤다.

"혹시 성주의 방이 아닐까요?"

누리는 불현듯 성 안의 성이 바로 성주가 사는 성이 아닐까 하는 생각이 들었다. 누리의 예상은 제대로 적중했다. 잠시 후 입구와 맞은편으로 길게 뻗어있는 복도에서 누군가 걸어오는 소리가 들렸다. 그는 20대 중반의 긴 생머리를 늘어뜨린 키가 180cm는 되어 보이는 꽃미남이었다.

"당신은 한누리 군?"

꽃미남이 부드러운 미소로 물었다. 누리는 말없이 고개를 끄덕이며 인사했다. 매직시스는 입을 헤벌린 채 꽃미남의 얼굴에 시선이 꽂혀 있었다. 아마도 짧은 순간 그의 화려한 외모에 반한 듯 했다.

"나는 과학의 성의 성주요. 여기 오느라 고생이 많았어요. 수많은 과학 고수들과 대결하고, 마지막에는 팔이 열 개 달린 로봇도 물리쳤으니 이것은 당신이 진정 위대한 과학자인지 알아보기 위한 시험이었고 당신은 그 시험을 무사히 마친 거예요."

"날 시험한 이유가 뭐죠?"

누리가 눈을 반짝이며 물었다. 성주는 잠시 말을 잊은 듯 멍하

짜잔 ~
드디어 등장!
과학의성
꽃미남 성주

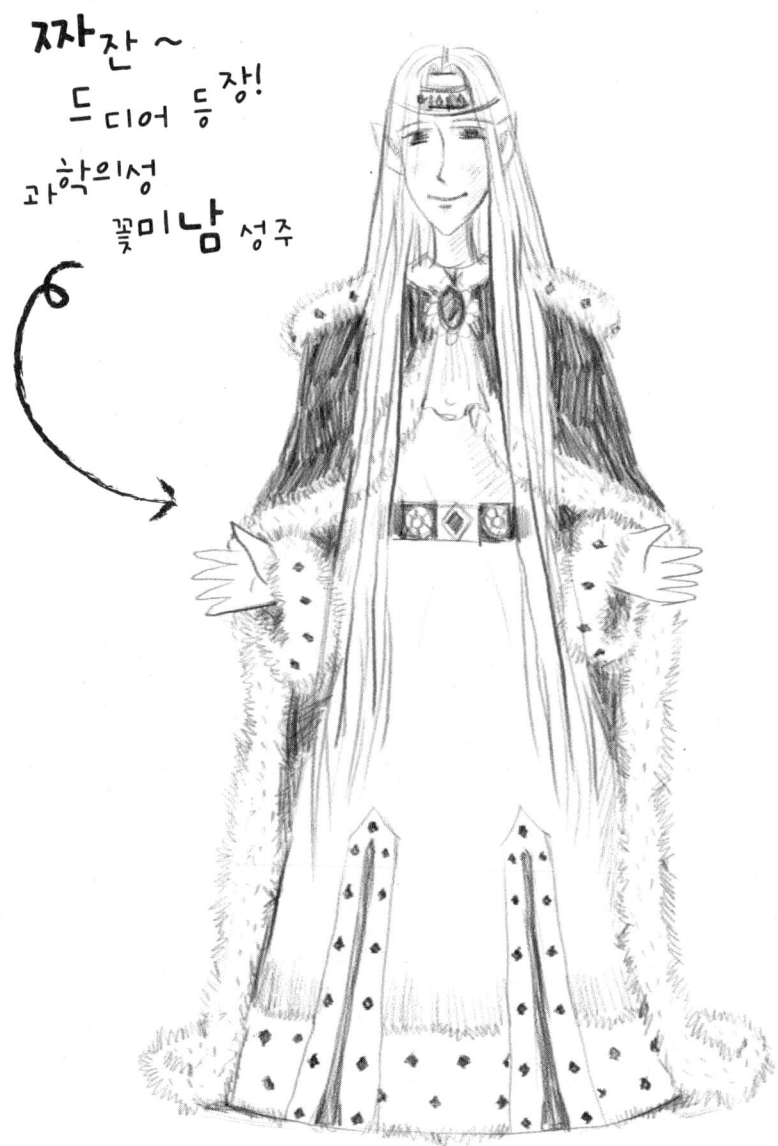

꽃미남 성주의
약혼녀 매시아 공주

눈물이 모여
분수가 만들어졌다.

니 창밖을 응시했다. 누리도 성주의 시선을 쫓았다. 창밖으로는 조그만 분수가 있는 아담한 정원이 보였다. 성주는 왠지 슬퍼보였다. 누리는 성주가 다시 입을 열 때까지 조용히 기다렸고 잠시 후 성주가 누리를 돌아보며 천천히 입을 열었다.

"슬픈 이야기가 있어요."

성주의 말에 누리와 매직시스도 침울한 표정이 되었다. 뭔가 비극적인 스토리가 성주의 입을 통해 나올 것 같았기 때문이었다. 성주는 자꾸만 말을 할까 말까 머뭇거리더니 두 사람에게 정원으로 나가자고 했다. 정원은 작지만 분수 주위에 예쁜 꽃들이 피어 있고 정원의 가장자리에는 싱그러운 이파리가 무성한 나무그들이 있어 아늑해 보였다. 성주는 두 사람을 분수 쪽으로 데리고 갔다.

분수대 위에는 조그만 여인의 석상이 있었다. 여인의 모습은 비록 돌조각이었지만 매우 아름다웠다. 하지만 왠지 모르게 슬픈 얼굴이었다. 그녀의 눈에서는 하염없이 눈물이 흐르고 있었고 그 눈물은 커다란 돌 수반 아래로 떨어져 분수를 이루었다. 성주가 여인의 석상을 가리키며 슬픈 목소리로 말했다.

"내 약혼녀인 매시아 공주에요."

"공주라니요?"

누리가 놀란 눈을 하며 말했다. 그러자 성주는 호흡을 가다듬고는 조용한 목소리로 말했다.

"매시아 공주는 수학왕국의 외동딸이에요. 나는 수학왕국에서 열린 무도회에 참석했다가 첫눈에 반해 그녀에게 사랑을 고백했어요. 우리의 사랑은 불같이 피어올라 드디어 우리는 약혼을 하게 되었지요. 약혼식은 바로 이곳 과학의 성의 정원에서 이루어졌어요. 그녀는 화려하게 수놓은 드레스를 입고 들떠있었지요. 그런데 갑자기 추아케가 나타났어요."

"추아케가 누구죠?"

"추아케는 이웃나라에 사는 성질이 고약한 마법사예요. 그는 생긴 것도 흉측하고 성질도 못되어 여자들에게 항상 퇴짜를 맞았는데 매시아 공주도 그중 하나였지요. 앙심을 품은 추아케가 약혼식 날 매시아 공주에게 마법을 걸었어요."

성주는 흐르는 눈물을 한 손으로 닦으며 여인의 석상에 얼굴을 가져다 대었다.

"어떻게 하면 마법을 풀 수 있죠?"

누리가 성주의 팔을 붙잡으며 물었다. 그제야 성주는 석상에서 얼굴을 떼고 누리를 향해 뒤돌아섰다.

"비…… 누……."

여전히 성주는 울음 섞인 목소리로 말을 잘 잇지 못했다.

"비누라니요?"

성주를 도와주고 싶은 마음에 누리는 재촉하듯 물었다.

"분수대에는 조그만 구멍이 있어요. 그 구멍에 비누를 넣고 폭발시키면 마법이 풀린다고 했어요. 반드시 비누여야 한다고 했어요. 나는 그동안 과학 고수들과 함께 수많은 비누를 가지고 실험을 했답니다. 하지만 그 누구도 폭발하는 비누를 만들지 못했어요."

성주가 답답한 마음에 가슴을 치며 말했다. 누리는 분수대에 가까이 다가가 허리를 숙였다. 과연 성주의 말대로 여인의 석상을 받치고 있는 받침대에는 비누 한 개 정도가 겨우 들어갈 수 있는 구멍이 나 있었다.

"비누라……."

누리는 속으로 중얼거리면서 비누의 화학적 성질에 대한 자료들을 머릿속으로 떠올렸다. 비누에 관한 많은 자료들이 누리의 머릿속을 스치며 지나갔다. 하지만 비누 폭탄에 대한 얘기는 들어본 적이 없었다.

공주가 보고 싶은 마음에 목놓아 울던 성주는 어느 틈엔가 높은 알코올 도수의 양주 한 병을 가지고 와 마시기 시작했다.

"진정하세요, 성주님."

매직시스가 성주로부터 병을 빼앗으며 말했다.

"공주가 없는 세상을 살아서 뭐해. 이렇게 매일매일 술만 마시

다가 죽을 거야. 공주!"

성주는 통곡하며 매직시스로부터 다시 술병을 빼앗으려 했다. 하지만 매직시스는 재빨리 술병을 누리에게 건네고 비틀거리는 성주의 몸을 부축했다.

"양주라…… 높은 도수, 알코올…… 바로 그거야!"

갑자기 누리가 손뼉을 쳤다. 순간 성주와 매직시스가 동시에 누리의 얼굴을 쳐다보았다. 누리는 자신감에 넘친 표정이었다. 성주는 다시 정신을 차리고 누리에게 다가갔다.

"만들 수 있나요?"

"비누 폭탄 말이죠? 물론이요."

누리의 말에 성주는 눈물로 얼룩진 얼굴을 닦으며 헤벌쭉 미소지었다.

누리는 성주와 매직시스를 데리고 성 안으로 다시 들어갔다. 성주에게 부엌의 위치를 물어 황급히 부엌으로 달려간 누리는 성주로부터 빼앗은 도수가 높은 양주를 냄비에 붓고 냄비를 불판 위에 올려놓았다. 불을 약하게 놓고 주위를 두리번거리던 누리는 설거지통에서 비누를 발견하고는 도마 위에 올려놓았다. 그리고 벽에 걸려있는 날카로운 칼로 비누를 얇게  썰더니 끓고 있는 알코올 속으로 비누 조각을

썰어 넣기 시작했다. 그리고는 젓가락으로 비누가 잘 녹을 수 있
게 저어 주었다.

시간이 한참 흘렀다. 모두들 말없이 냄비만 바라보고 있었다.
누리는 냄비 속에서 완전히 녹은 비누를 확인한 후 직육면체 모
양의 비누 갑에 붓고는 뚜껑을 닫았다. 꾹 참고 있던 매직시스가
갑갑한 마음에 누리에게 물었다.

"저기, 그러면 정말 비누가 폭탄이 돼요?"

누리는 시계를 흘깃 보더니 여유로운 표정으로 매직시스에게
말했다.

"알코올에 비누를 녹여 식히면 비누분자들 사이에 알코올이
들어가게 되죠. 이 비누에 불을 붙이면 알코올이 기체로 변하면
서 불이 붙게 돼요."

시간이 충분히 경과하자 누리는 뚜껑을 열고 직육면체 모양의
비누를 꺼냈다. 누리는 비누를 손에 쥐고 마당으로 후다닥 달려
갔다. 놀란 성주와 매직시스도 누리를 뒤쫓았다.

누리는 새로 만든 비누를 분수대 구멍에 끼우고 성냥을 그어
비누에 불을 붙이고는 뒤로 몸을 피했다. 매직시스와 성주도 화
들짝 놀란 표정으로 누리 뒤로 몸을 숨겼다.

'펑!'

엄청난 폭발음과 함께 신비스러운 연기가 피어올랐다. 연기는 세 사람을 에워쌌고 잠시 후 안개가 걷히며 조각상과 똑같이 생긴 여자가 세 사람 앞에 나타났다.

"흐엉, 매시아 공주!"

성주가 울먹거리며 공주를 끌어안았다. 두 사람은 아주 긴 시간 동안 서로를 꼭 안고 하염없이 눈물을 흘렸다.

성주의 약혼식An Engagement Party

'언제든 환영이야! 언젠가 넌 또 자전거를 타고 낯선 숲길을 달리고 싶어질 테니까.'

~~열여섯 번째 고수~~

성주의 약혼식An Engagement Party

100개 이상의 원자가

결합한 분자를

고분자라고 부른다.

대표적인 고분자는

플라스틱인데

우리 생활에서

많이 사용된다.

폴리스틸렌이라는 고분자는

열을 가하면

어떻게 변할까?

성주는 마법에서 풀려난 공주와의 약혼식을 다시 거행하기로 했다. 그동안 누리와 겨루었던 많은 과학 고수들이 성주의 약혼식을 축하하기 위해 과학의 성으로 몰려들었다. 성주는 누리에게 약혼식이 끝나면 집으로 꼭 보내줄 테니 약혼식에 꼭 참석해 달라고 부탁했다. 결국 누리는 성주의 약혼식을 여행의 피날레로 삼기로 했다.

성은 활기로 가득찼다. 수많은 사람들이 고용되어 약혼식 파티에 사용할 의상과 음식을 만들기 시작했다. 매시아 공주는 핑크빛 드레스를, 성주는 아이보리 색 턱시도를 입기로 했다. 과학 고수들은 저마다 약혼 선물을 준비 하느라 바빴다.

누리와 매직시스는 공주를 마법에서 깨어나게 한 공로로 성에서 가장 호화스러운 방에서 지내게 되었다. 약혼식을 두 시간 앞두고 누리가 매직시스의 방으로 건너갔다.

"선물 준비했어요?"

누리가 물었다.

"아직요."

매직시스가 힘없는 표정으로 대답했다. 매직시스의 침대 위에는 조그만 노트가 펼쳐져 있었다. 진주목걸이, 다이아 반지, 사파이어 구두 등이 적혀 있는 걸로 보아 매직시스가 약혼 선물 때문에 엄청나게 고민하고 있었음을 짐작할 수 있었다.

"좀 색다른 선물은 어떨까요? 남들이 흔히 하지 않는, 과학적인 선물 말이에요."

누리가 제안했다.

"과학적인 선물?"

매직시스가 눈을 반짝이며 누리를 쳐다보았다.

"플라스틱으로 아름다운 목걸이를 만들어 드리는 거예요. 공주와 성주가 틀림없이 기뻐할 거예요."

"플라스틱으로요? 음, 너무 싼 티가 나지 않을까요?"

"함께 지내보니 매시아 공주는 소박한 데가 많았어요. 물론 과학도 사랑하고요. 다른 고수들과는 차별화되는 선물을 해야 약혼식이 빛이 나지 않을까요?"

누리는 매직시스의 동의를 구하려는 듯 반달눈을 만들며 미소 지었다. 매직시스는 고개를 갸웃거리며 생각에 잠겼다.

"듣고 보니 괜찮은 생각인 것 같아요. 그럼 그렇게 하기로 하죠. 내가 뭘 도와주면 되나요?"

"폴리스틸렌으로 된 빈 병과 토스트 오븐이 필요해요."

누리의 말이 끝나기 무섭게 매직시스는 마법으로 누리가 말한 물건들을 나타나게 했다. 누리는 폴리스틸렌 용기의 한 부분에 유성매직으로 '성주♡공주' 라고 쓰고 그 부분을 하트 모양으로 잘라 쿠킹호일에 올려놓고 토스트 오븐에 넣은 후 시간을

1분 30초에 맞추었다.

잠시 후 오븐 덮개를 열자 아름다운 하트가 나타났다. 하트는 볼록한 모습이어서 줄에 걸면 목걸이가 되기에 충분했다.

"예뻐요. 그런데 어떻게 만든 거죠?"

매직시스가 하트를 만지작거리며 물었다.

"폴리스틸렌의 성질을 이용한 거예요. 폴리스틸렌은 제품을 만들기 전에는 분자들이 뭉쳐 있다가 제품을 만들면서 분자들이 쫙 퍼져요. 그래서 두께가 얇은 용기를 만들 수 있죠. 그런데 이렇게 만들어진 제품에 다시 열을 가하면 분자들이 도로 뭉쳐져 단단한 형태로 바뀌게 돼요."

누리가 밝은 목소리로 설명했다. 누리는 하트에 금으로 만든 줄을 끼워 성주와 공주를 위한 이 세상에 하나뿐인 하트목걸이를 완성했다.

잠시 후 성대한 약혼식이 시작되었다. 성주와 공주는 기쁜 표정으로 손님들에게 인사했고 아름다운 음악에 맞춰 춤을 추었다. 두 사람의 춤은 너무나 아름다워서 손님들은 감탄의 눈빛으로 두 사람을 바라보았다.

"자, 그럼 이제 두 분의 약혼식을 축하하는 선물 증정식이 있겠습니다."

잠시 후 사회자가 단상에 나와 마이크를 잡고 말하자 과학 고수들이 준비해 온 선물을 성주와 공주에게 건네기 위해 앞다투어 나왔다. 성주와 공주는 선물 하나하나에 진심으로 기뻐하며 인사했다.

드디어 마지막으로 누리와 매직시스의 선물을 건넬 차례가 되었다. 누리는 매직시스의 팔을 잡아끌며 사회자 앞으로 나아갔다. 그리고 사회자에게 귓속말로 속삭였다.

"아, 과학 고수들을 모두 물리치고 이곳까지 온 한누리 군과 매직시스는 과학을 이용한 재활용 목걸이를 준비했다고 합니다."

사회자의 말이 끝나기 무섭게 누리는 주머니에서 조심스럽게 목걸이를 꺼내 공주에게 건네주었다. 반짝거리는 하트에 '성주♡공주'라는 글자가 선명하게 새겨져 있었다.

"정말 예뻐요. 이게 재활용이라고요?"

공주가 놀란 표정으로 물었다. 누리는 조용히 고개를 끄덕이며 미소 지었다. 공주는 다른 고수들의 선물을 잠시 옆으로 밀어두고 누리가 만든 폴리스틸렌 목걸이를 왕자에게 걸어달라고 부탁했다. 아름다운 공주의 목에 걸려 반짝거리며 빛나는 하트는 두 사람의 영원한 사랑을 이야기하는 듯 했다. 누리 덕분에 마법에서 깨어나 사랑하는 사람을 다시 만나게 된 공주는 누리에게 진심으로 고마워했다. 성주는 매직시스가 다시 성에서 사는 것을 허락했고 누리에게는 조그만 알약 한 개를 건네주었다. 그것은 누리를 집으로 보내 줄 약이었다. 누리는 매직시스와 성주, 공주, 그리고 모든 과학 고수들에게 손을 흔들고 눈을 꼭 감은 후 약을 삼켰다.

　잠시 후 누리의 눈앞에 낯익은 책상이 보였다. 방으로 되돌아 온 것이었다. 누리는 책상에 조용히 앉아 노트를 펼쳤다. 그리고 그동안 과학의 성에서 일어났던 일들을 차근차근 적어 내려갔다. 그리고 마지막 장에는 '매직시스, 그리고 과학의 고수들, 다시 보고 싶어요' 라는 말을 남겼다. 그리고 누리는 조용히 눈을 감고 노트를 덮었다. 누리는 보지 못했다. 자신의 마지막 글 밑에 뚜렷하게 올라온 글귀를.

'언제든 환영이야! 언젠가 넌 또 자전거를 타고 낯선 숲길을 달리고 싶어질 테니까.'

The End

Anti-science
Land